뇌와 자폐

뇌와 자폐

발행일 2019년 5월 31일

지은이 전수민
펴낸이 손형국
펴낸곳 (주)북랩
편집인 선일영 편집 오경진, 강대건, 최승헌, 최예은, 김경무
디자인 이현수, 김민하, 한수희, 김윤주, 허지혜 제작 박기성, 황동현, 구성우, 장홍석
마케팅 김회란, 박진관, 조하라
출판등록 2004. 12. 1(제2012-000051호)
주소 서울시 금천구 가산디지털 1로 168, 우림라이온스밸리 B동 B113, 114호
홈페이지 www.book.co.kr
전화번호 (02)2026-5777 팩스 (02)2026-5747

ISBN 979-11-6299-709-3 03400 (종이책) 979-11-6299-710-9 05400 (전자책)

이 도서의 국립중앙도서관 출판예정도서목록(CIP)은 서지정보유통지원시스템 홈페이지(http://seoji.nl.go.kr)와 국가자료공동목록시스템(http://www.nl.go.kr/kolisnet)에서 이용하실 수 있습니다.
(CIP제어번호: CIP2019020355)

천 재 와 자 폐 의 비 밀

뇌와 자폐

전수민 지음

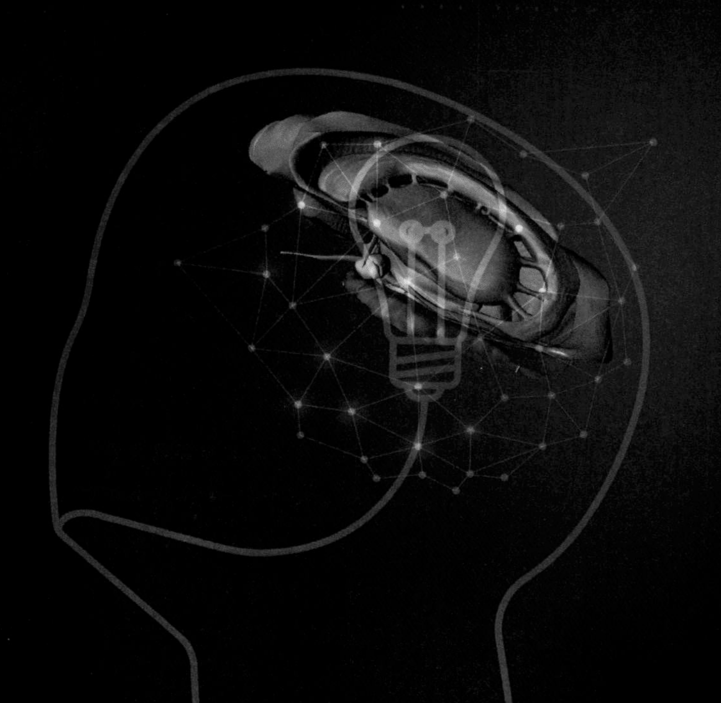

북랩book Lab

PROLOGUE

모든 창조력은 생각을 바탕으로 한다. 창조력은 어떤 것일까? 그 근원은 무엇인가? 지식의 산물일까? 지혜의 산물일까?

우리는 흔히 창조력이라는 개념을 혼동한다. 다들 열심히 공부하는 것, 밑줄을 치고 집중을 해야만 창조력을 끌어올릴 수 있다 믿는다. 하지만 그렇지 않다. 단지 몰입하는 것에서부터 출발한다.

우리는 어떠한 것에 몰입하는가? 그리고 언제 몰입하게 되는가? **이 두 가지 물음이 창의적 생각의 출발점이다.**

흔히 아동들을 살펴보면 놀 때에 굉장히 즐거워하는 것이 보인다. 어린아이가 놀 때에는 열심히 하라고 이야기해 주지 않는다. 왜냐하면 자발적인 것이기 때문이다.

바로 이것이다. 몰입의 가장 중요한 점은 자발성을 가진다는 것이다. 이것은 당연한 대목이면서도 어려운 사안이다.

아이들이 뛰어놀 때는 추운 것, 더운 것을 모를 때가 많다. 그럼 아동들은 추운 것, 더운 것을 느끼지 못하는가? 아니다. 감각 판에서는 추위, 더위를 느끼지만 단지 몰입으로 인한 과정에서 스스로가 잊는 것뿐이다. 이 과정이 몰입과정이다.

몰입으로의 중요한 이행 단계 중에 우리는 몇 단계의 과정을 거쳐야만 한다. 몰입과정의 창시자인 미하이[1]는 몰입을 이렇게 설명한다.

> *"몰입이란 스스로의 동기부여이고 자발적 자연스러운 흐름이다."*[2]

이것은 자신을 무아지경으로 몰아넣는 유일한 과정이라는 것이다.

무아지경은 무엇을 뜻하는 것인가. 현재 자신이 무엇을 하고 있는지도 모를 정도의 목적성이 담보된 뚜렷한 의식행위를 우리는 '몰입하고 있다'고 설명한다.

그렇다면 몰입이라는 것이 왜 좋은 것인가? 모든 분야가 그렇지만 각 분야에서 어떠한 새로운 것을 모색하기 위해서 소비되어야 하는 요소들이 많이 있다. 비용과 시간은 당연하고, 무엇보다 중요한 생각이라는 것이다.

생각은 어떠한 메커니즘인가? 굉장히 깊은 사고의 면면으로 들어가야 한다. 그렇게 하기 위해서는 깊은 단계의 의식구조를 거쳐야 되는데 이것은 어느 때든지 항상 나타나는 그런 단계가 아니다. 여러 가지 상황에 대한 여건들이 맞아떨어졌을 때 자연적으로 파생되는 중요한 상황이라는 것이다. 이것은 몰입을 절대적으로 필요로 한다.

단지 사색으로만 거치는 것이 아니라 깊은 심연의 의식구조 단계는 선택적 집중을 요구하기 때문이다. 이것은 우리가 어떠한 것에만 신경

---

1) 미하이 칙센트미하이: 몰입 과정의 창시자.

2) 황농문, 『몰입: 두 번째 이야기』, 알에이치코리아, 2011.

쓸 수 있는 의식 흐름을 이야기한다.

이 대목에서 우리가 다 알고 있는 **피카소**(Picasso)[3]의 예를 들어보자. 피카소는 평범함에서 특이한 점을 찾았다.

피카소는 스페인이 낳은 예술가이다. 스페인은 투우의 나라이다. 어릴 때부터 투우를 접해 온 피카소는 소에 많은 관심을 보여 왔다. 소를 계속해서 생각해 온 나머지 소에 대한 이미지가 머리에 각인되었고 이것이 지나가던 자전거 상회의 안장과, 손잡이를 보고 소를 연상시킨 대표작이 되었다고 하겠다. 이것은 피카소가 연상하는 우연한 법칙, 즉 즉흥사고와 같다.

피카소는 길들여져 있는 것을 싫어했다.

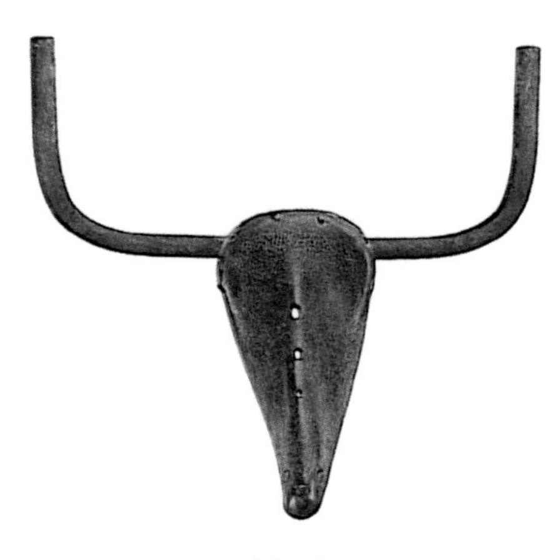

피카소의 소

그 때문에 그렇게 뛰어난 소묘 실력을 다 내팽개치고 즉흥적으로 즐

3) 파블로 피카소: 스페인의 독보적 화가.

기듯 드로잉을 했던 것이다.

그럼 왜 피카소는 길들여진 소묘와 남들이 다 가지고 싶어 했던 능숙한 손놀림을 싫어했는가? 그는 길들여짐이 예술에서 오히려 나쁜 영향을 준다고 믿었다.

바로 이 대목이 천재적 발상의 전환이 되는 대목이다. **기저핵**(Basal)[4]을 통한 그림의 숙달은 자연스러움을 완성하기보다는 오히려 퇴보시키므로 숙달되면 될수록 부자연스럽게 된다는 보고가 있다.

여기서 우리는 **이율배반**에 빠지게 된다. 그림을 잘 그리기 위해 우리는 그림을 배우고 예술적 미를 숙달시키고 미학을 배운다. 그리고 그것은 매우 숙달된 표현으로 모든 이에게 동경의 대상이 되기도 하고 스스로의 자부심이 되기도 한다.

이것은 무엇을 뜻하는가? 잘 그리는 것이 우리가 추구하는 아름다움에 가깝다는 것인가에 의문을 던져 주는 중요한 사안이 된다.

미학은 우리에게 여러 가지 길을 제시한다. 여러 가지 길 가운데 어디로 가든 여러분의 자유다. 이런 암묵적 지시를 던져 놓으며 예술을 하려고 하는 사람들에게 시작부터 큰 숙제를 던져 놓는다.

우리는 답이 어떤 것일지 모르는 여러 갈림길 위에 서서 다시금 조용한 생각에 잠긴다. 그것은 어떠한가? 아니면 이것은 어떠한가? 때로는 알 수 없는 선택을 강요받는다.

생각해 보자. 아무것도 모르는 듯 천진난만한 어린 **자폐 아동**은 이러한 것을 생각해 볼까? 그들은 생각하지 않는다! 다만 놀이를 하려 할 뿐이다. 이러한 놀이 행위는 여러 가지 방식으로 나오지만, 무엇이

---

4) 뇌 운동 출력 기관의 한 부분.

냐 묻지 않는다. 이것이 옳은 것이냐 묻지 않는다. 그리고 규칙과 규범, 법칙으로 자신을 묶어 두지 않는다. 다만 즐길 뿐이다.

그럼 어떻게 자폐 아동에게서 천재적 소질이 보이는 것인가?

생각은 우리의 의식에 피가 되고 살이 된다고 한다. 그렇지만 생각은 엄밀한 의미에서 산소와 같이 필수 불가결한 사안은 아니다. 그 때문에 어떤 사람은 생각이 단지 취미에 불과한 것을 우리가 너무 확대 해석해 놓은 것이라고 설명한다.

생각의 어원 자체를 놓고 보면 일단 어떠한 견해를 막론하고 제일 먼저 시작된 것은 확실시된다. 우리가 기본적으로 사용하는 언어보다 훨씬 앞서 있다. 기원전 우리 선조들은 언어를 통해 사고하지 않았다. 그리고 언어로 소통하지 않았다.

최초의 기록 도구는 바로 사물을 형상화한 그림이었다. 그림은 당시 사람들에게 필수적 상황이었다. 그렇게 기호화되고 발전해 온 것이 지금의 상형문자이다.

그 때문에 그림은 각 시대를 대변하는 의식 수준이라고 한다. 의식으로 가는 길이라고 할 수 있는데 이것은 시대를 막론하고 통용된다 할 수 있다. 그리고 그 시대의 산물로 인간은 예술을 낳았다.

언제든 우리가 사용하고 즐겨 부르는 모든 것들은 당시에 속한 그 시대를 대변한다는 데 뜻을 달리하는 사람은 아무도 없을 것이다.

미술이라는 것 또한 모든 이들이 즐겨 볼 수 있다는 장점을 이용하여 시대의 문화적 부흥에 앞서 있다.

이렇듯 시대정신을 읽을 수 있다는 것에서 당시의 기원을 들여다볼 수 있기 때문에 예술이 우리들에게 필요한 것이며 이것에는 인간이 누려야 하는 어떠한 비밀이 들어 있다는 점에서 우리는 예술을 높이 평가해야만 한다.

그렇다면 왜 창의력을 이야기할 때 예술이, 특히 그림이 가장 먼저 언급되는가? 우선 미술이라는 매체를 먼저 살펴보면, 미술은 머리가 좋아서 잘하는 것이 아니다. 감상은 많은 지식이 있어야 잘하는 것도 아니다. 또한 영감도 많은 경험이 있어야만 잘하는 것이 아니다.

우리가 흔히 지는 저녁노을을 감상할 때 일조 기간의 원리와 공전 및 자전에 대한 지식이 없어도 아름다운 광경에 동조할 수 있고 밤하늘에 떠 있는 별을 감상할 때도 천문학의 지식을 꼭 알아야 감상할 수 있는 것은 아니다. 그 때문에 지식은 그만큼의 부연 설명을 필요로 하지 않는다.

지식에서 주변 배경으로 옮겨올 때 우리는 모든 것을 안다는 것에 의존하지 않는다. 오감 체계가 인간은 너무 정확하고 예민하게 되어 있으므로 (감각판의) 작용에서 우리는 인지보다 먼저 감각하게 되고 이것은 느낌이라는 정서로 우리의 인식을 인도해 주기 때문이다.

모든 것에 내포하고 있는 작용들은 각 감각에 잘 새겨져 있기 때문에 우리의 느낌은 감정을 머금고 어떠한 것에든 잘 뛰어 나온다.

이러한 사안은 특히 **자폐 아동**에게서 정확하게 들어맞는 형식이다. 자폐 아동들은 지식이나, 인식과 의식에 의존하지 않는다. 오직 그들은 직감이나 감각, 즉흥에 의존하는 것이다.

이것이 정서라는 느낌을 바탕으로 하는 일종의 경험적 사유로서 당시 상황적 이미지를 잘 파악하는 이유도 이 때문이라고 할 수 있다. 또한 이것에 대한 대처법도 각 아동들이 다 다르게 적응해 왔기 때문에 각 상황에 대한 대처가 다르므로 어떤 아동은 빗소리를 천둥소리처럼 듣는 것이다.

이러한 이론은 자폐 아동의 청각과 시각 모두가 예민하다는 전제에서 출발하는 것이고, 모든 자폐 아동이 감각에 민감하다는 것은 아니다.

자폐 아동들은 이러한 부분에서 어려움을 겪는다. 자신의 정확한 감각에 대한 이정표가 없기 때문이다. 마냥 감각이 올라오는 대로 뇌에서는 전부 반응하기에 골라내어 선택할 권리를 몸에게 주지 않기 때문이다. 이것은 다른 각도에서 보면 고통이다. 감각이 주는 아픔이다.

우리 일반인들은 감각 이상에서 오는 아픔을 모른다. 자기 몸과 자기 감각이 있음을 느끼는 것! 이것은 특수감각과 동시에 이루어지는데 이것은 지극히 당연한 것이 아니다.

많은 감각기관 중에 우선 **귀의 감각**을 살펴보자. 자폐 아동들은 특수감각, 특히 청각에 이상반응을 보이는 아동들이 많다.

우리는 무엇으로 듣는가? 귀의 고막의 파장이 망치뼈로 가고, 이것이 모루뼈를 진동시키고 마지막 전달 단계인 등자뼈로 인해 달팽이관의 코르티 기관으로 가서 청신경에 있어 물리적 소리를 잡는다. 이 과정까지는 일반인과 다를 것이 없다. 이 이후가 문제이다.

동일 파장 주파수임에도 불구하고 청각신경에서 받아들이는 음파장의 양의 변화가 각기 다른 소리의 진폭을 느끼게 해 준다.

일차 청각피질에서 연합 청각 영역이 서로 다른 신호를 주고받을 때 우리는 환청을 경험하기도 한다. 이로써 청각의 물리적 실체(공기의 파장)보다 더 중요한 것은 청각피질의 신경세포라는 것이 명확해진다.

자폐 아동은 뇌의 모든 피질에 신경세포의 스파인이 일반인보다 훨씬 많다. 그렇기에 그것들에 대한 상호 작용이 너무 정확하여 일부를 확대시킬 여지가 다분히 있을 수 있다는 것이다.

결국 자폐 아동들은 일반인들보다 더욱 좋은 신경세포를 가졌다는 것인데, 여기서 일반적인 견해를 넘어서는 것이다. 무조건 많아도 좋을 것이 없다는 일반화된 공론 말이다. 자폐 아동에 대한 이론이 많이 연구된 것은 사실이다. 따라서 신뢰할 만한 데이터가 어느 정도 축적되었다. 이러한 과정에서 기억이라는 중대한 인간 메커니즘을 먼저 섭렵할 필요성을 느꼈고, 따라서 기억이라는 것이 어떻게 이루어지는가에 대한 분자 메커니즘을 설명한 에릭 캔델의 서적과 논문을 먼저 공부하였다.

이 결과 기억의 메커니즘은 곧 자폐와도 이어지며 자폐 아동을 둔 부모 입장에서는 논문 수준(단백질 현상학)의 내용이라 일반인이 섭렵하기가 어렵다는 것이 문제이지만 정확한 발생 원인을 보면 자폐 아동이 천재성을 가질 수밖에 없다는 결론으로 귀결된다.

필자가 기술하고 강조하고 독자들과 생각을 나누려는 부분도 바로 이 대목이기에 앞으로 기술될 내용의 틀이 이 방향임을 미리 밝혀 둔다.

마지막으로 이 모든 것은 인간이라는 존재와 세상의 모든 것들에 대한 관계 개념에서 출발해야 한다. 항상 말씀하고 계시는 마음속 스승 강 교수님과 박 박사님의 철학과 태어나서 지금껏 언제나 한결같은 지표가 되어 주신 내 어머니께 이 책을 바친다.

2019년 5월

전수민

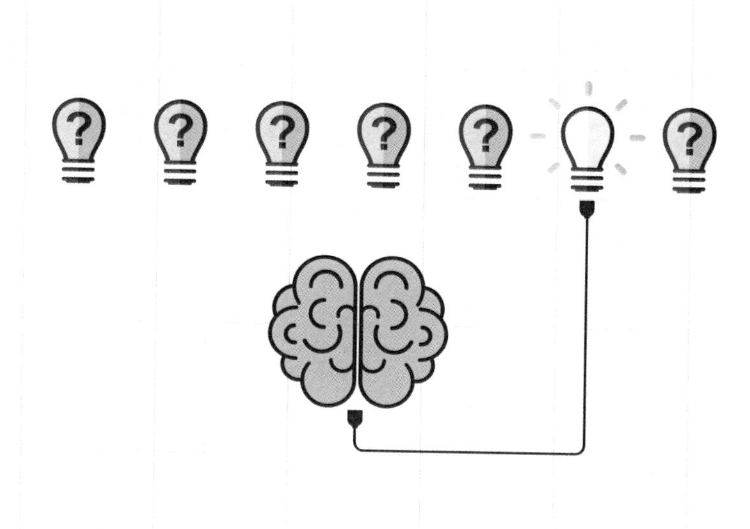

CONTENTS

PROLOGUE 5

PART 01 생명 - 창의성의 유래

생명의 창의성 18
생명과 단백질 22
신경전달물질과 단백질 30
생물과 물리작용의 원리 34
스파인의 크기 38

PART 02 그림과 발상

창의적 그림이란 무엇인가? 42
생각의 전환 46
그림으로부터 50

PART 03 세포로부터

신경세포의 퇴화 56
세포의 스트레스 59
전사조절인자 62
기분의 화학작용 65
텔로미어의 생명 68
분자와 삶 71
시대의 분류와 생명 그리고 두뇌 74
두뇌 메커니즘 78
각성과 수면 81
수면과 뇌 작용 시대의 역사 84
생각과 시대 87
뇌 구조화된 머리 91
감정의 구조화와 창의력 95
당과 생각 99
기억의 물결 102
시상의 루트 105

감각의 기억 107
교감과 부교감 109
장기기억과 단기기억 113
글루타메이트와 생각 115
초염력과 뇌 118
생각의 매듭 122
세포의 죽음과 천재 127
세포 생각과 기원 132
기억(창의) 단백질의 유래 136
움직임을 위한 기억 141
모든 기원 144
자연의 창의성 148
뇌, 새로운 기억 152

PART 04 천재로부터

이론과 천재들 156
레오나르도 다 빈치 158
알버트 아인슈타인 166
빈센트 반 고흐 172
볼프강 아마데우스 모차르트 177
아이작 뉴턴 181
렘브란트 반 레인 188
파블로 피카소 193
조지 고든 바이런 199
루트비히 반 베토벤 204
지그문트 프로이트 209

PART 05 결론 - 창의성

자폐와 천재 218

EPILOGUE 226
참고 문헌 228

PART 01

생명 - 창의성의 유래

생명의 창의성

스파인[1]의 구조적 메커니즘은 자폐 아동에 오면서 두드러진 특이한 배치를 원하게 되었다. 이것은 자폐 아동의 상이 행동은 언제든 이어지는 지나치게 많은 연결에서부터 시작되는 일종의 과부하로 바로 이어진다.

하나의 연결은 둘의 자극으로 이어지므로 이것이 가능한 모든 이상 행동의 회로를 가동시키는 출발점으로 밝혀졌다. 이것은 **스파인 작용의** 물리적 실체이다.

현재까지의 모든 이론과 실험을 여기에 들어가는 분자 레벨까지 밝혀 놓았다는 것에서 분명 획기적인 결과이기는 하지만 문제는 아직도 그 치료제에 대해서는 답을 내놓지 못하고 있는 실정이라는 점이다.

중요한 것은 자폐는 타고나지만 진행성이 아니라는 것이다. 그 때문에 자폐가 악화되거나 변질될 우려는 없다.

우선 스파인의 구조부터 살펴볼 필요성이 있다.

버섯 바디!

버섯 몸체이다.

건강한 우리 신경세포의 스파인 모양은 버섯을 닮아 있다.

그 작은, 눈으로 보이지 않는 스파인 안에 우리의 생과 사, 기쁨과

1) 뇌 세포의 간극 시냅스의 입·출력부.

슬픔이 녹아들어 있다. 또한 수많은 지혜와 경험의 기억이 여기에서부터 출발한다.

그럼 과연 이 작은 공간 안에서 무슨 일이 벌어지는 것이기에 그 많은 인간 작용을 대변할 수 있다는 말인가.

물리적으로는 단백질의 결합과 이동 작용이다. 하나의 건강한 스파인 안에서는 2,500개의 단백질(유전자)이 들어 있다. 그중 500여 개의 중요한 단백질의 결함으로 우리는 신경이상이나 증후군에 노출된다.

그럼 **자폐의 원인이 되는 단백질**은 무엇인가. 여기에서 자폐에 주요한 단백질 20개 정도를 언급하겠다.

그 첫째가 Neuroligin[2]이라고 하는 단백질 사슬이다.

이것은 스냅스의 간격에서 각각 스파인의 전막과 후막을 고정해 주는 사슬 역할을 하는 단백질로, 작은 유전자 사슬이다.

이러한 고정 단백질은 3가지 종류로 정리할 수 있다.

CARDHERIN,[3] Proto-cadherin,[4] Neurexin[5] **이러한 단백질들이 스파인의 전막과 후막에 연결되어 서로 움직이지 않도록 지탱한다.**

두 번째로 자폐에 중요한 역할을 하는 단백질은 SHANK3[6]라고 하는 단백질인데 생크 1, 2, 3 중 3번째(PSD-35) 이것은 이온채널을 보조하는 중요한 단백질 PSD 95[7]라는 물질을 지탱하여 연결하는 역할을 한다.

수소원자 무게 9만 5천배를 뜻하는 이 물질은 기억을 형성할 때도

---

2) Neuroligin.
3) CARDHERIN.
4) Proto-cadherin.
5) Neurexin.
6) SHANK3.
7) 수소원자 무게의 3만 5,000배를 뜻하는 달톤.

중요한 역할을 하는 물질로 알려져 있다. 이것은 시냅스의 이온 채널에서 중요한 역할을 하는데 이것이 에러가 발생할 경우 기억에 있어서 혼란을 야기하게 된다. 그 때문에 이것을 서로 연결하여 지탱해 주는 물질(SHANK)은 정신작용에 있어 굉장히 버팀목 같은 역할을 하는 것이다.

세 번째로 자폐에 중요한 역할을 하는 단백질 유전자는 **프뢰자일 멘탈 릴레이티드 프로틴**[8]이라고 하는 유전자이다. 프뢰자일-X 신드롬, 연약한 남성 증후군이라고 하는 이 단백질은 아주 고약한 유전자 변이인데, 일단 지능지수가 40을 넘지 못한다고 알려져 있다. 이것은 인간의 지적 수준에 있어 막대한 결함을 불러 온다. 스파인의 골격을 형성하는 F액틴에 붙어 있고 **CY-FIP**[9]라는 단백질과 함께 작용한다.

또한 **RETT** 증후군[10]이라는 MECP2단백질 작용에서도 자폐는 빠져나가지 않고 맞물려 있다는 것이 밝혀졌다. RETT 증후군은 항상 유비큐틴[11]이라는 단백질과 함께 작용한다.

이러한 모든 증후군의 한쪽 사슬에서 자폐와 맞물려 있는 것을 볼 때 자폐라는 용어는 어울리지 않는 것처럼 느껴지지만 지금까지 밝혀진 바대로라면 인간 46번 염색체 모두에 연관되어 있는 증후군 모두를 조금씩 포함하고 있다는 것에서 모든 증후군의 교집합 역할이 바로 자폐라는 설도 나오고 있다.

위에서 살펴본 크게 4가지의 중요한 단백질 그 밖에도 자폐에 부수적인 작용을 하는 10개의 단백질이 더 있다. P-TEN,[12] M-TOR,[13]

---

8) 프뢰자일 증후군으로 남성이 여성보다 8배.
9) CY-F 이니스톨 프로틴.
10) 렛 증후군.
11) 미토켄 엑티베이트.
12) P-TEN.
13) M-TOR.

N-CAM 2,[14] PRICLE,[15] SYNAPSIN,[16] SNARE,[17] SYN겝,[18] LAS[19] 단백질 등을 들 수 있다.

이 모든 단백질 등은 자폐성을 나타낼 때와 마찬가지로 기억에서도 중요한 몫을 하는 유전 인자이다. 그 때문에 기억과 증후군 질환이 자폐와 중요한 연관관계가 있다고 보면 되겠다.

이 밖에도 모든 연관성이 있는 단백질은 자폐증에서만 500가지가 넘는다는 보고가 있다,

우리는 현실적으로 자폐증의 원인과 진실, 모든 것을 알고 싶어 하지만 대략적으로 보이는 일반적 진실만 접할 뿐이다.

대표적인 것이 '눈길을 피하더라', 또는 '엄마를 밀치더라', '접촉을 싫어하더라', '대화를 않고 어울림을 싫어하더라' 정도의 느낌적인 증상뿐이다.

자폐 아동을 둔 부모들 또한 이러한 보편적 증상을 넘어서 그 원인이 어디부터인가를 알고 싶어 한다.

그럼 앞에 언급한 이 모든 단백질 작용을 알아야 하지만 용어가 너무 어렵고 전문화되어 있어 일단 접근하기가 쉽지 않다.

---

14) N-CAM.
15) PRICLE.
16) SYNAPSIN.
17) SNARE.
18) S-GAP.
19) LAS.

생명과 단백질

생명이 무엇인가.

먼저 생물학에서 생명은 단백질 작용이라고 하면 대략 맞다.

그 때문에 우리 몸의 대부분이 단백질과 단백질의 상호작용으로 대변된다.

우리가 먹는 모든 것은 **acetyl-A**[20]이라는 물질로 전환된다.

이것은 생명에 필요한 모든 것이 화학작용임을 의미하는 중요한 대목이다.

우리가 입고 먹고 마시는 모든 것이 이 단백질 작용을 보호하거나 촉진시키고, 또한 소통을 원활히 하는 보조 작용인 것이다.

따라서 생물학에서 인간을 단백질로 말하면 되는데 문제는 이 단백질의 종류가 어마어마하다는 것이다.

제약회사에서는 여러 가지 단백질 작용에 관여한 질병에 대한 치료약 경쟁으로 혈안이 되어 있다. 그 대표적인 것이 현재의 사회적 문제로 크게 대두되고 있는 알츠하이머, **치매**이다.

이 후천적 질환의 가장 큰 문제는 진행성이며, 때문에 치료약이 시급한 실정이다.

---

20) acetyl-co-A 피루베이트 변형물질.

65세 이후로 치매 비율이 30퍼센트가 넘는다는 것은 막대한 비율이다. 이 비율의 수치는 너와 나 누구든지 가족이나 지인에 관여되어 있지 않은 사람이 없을 정도의 수치이며 그로 인한 가족의 갈등과 사회문제로 바로 이어지게 마련이다.

결론부터 말하면 뇌세포 스파인의 급격한 감소가 원인이다. 이것을 우리는 흔히 뇌 세포사라고 이야기한다. 그렇다면 왜 스파인의 수가 감소하는가? 단백질 작용의 결함이다.

그럼 치료약의 원리는 간단하다. 단백질 작용의 결함을 보충해주는 약을 개발하면 되는 것이다. 하지만 치료약 개발진들은 이것이 그리 간단한 문제가 아님을 알았다.

> *공들인 연구 결과에서 유포 단계의 신약은 거의 대부분이 부작용을 동반함을 알게 되었다. 즉, 치매의 형성 자체를 막아주기는 하나 대뇌피질의 이상 소견, (간질 발작) 등의 부작용이 발생하게 된 것이다.*[21]

이런 이유로 약 복용이 금지되고 단지 심리치료나 민간요법이 만연하게 되었는데 이 이유에서 우리가 이야기하는 신경세포의 이상반응 현상을 스스로 만들어 내는 결과가 되었던 것이다. 하지만 정확한 의미에서 이러한 이상반응은 스스로의 자발적 반응으로 해석된다.

그리고 여러 가지 사안들을 종합해 볼 때 그리 간단한 문제는 아닌 것이다. 언제 어디서든 마음 안에서 새로운 조작이 형성될 때까지 기

---

21) Abul K. Abbas·Andrew H. Lichtman·Shiv Pillai 저, 세포분자면역학 교재연구회 역, 『세포분자면역학』, 범문에듀케이션, 2016.

다려야 하는 문제가 발생할 수 있다.

그렇게 해야만 복잡한 뇌 속의 문제를 해결할 수 있게 된다. 지금 상태에서의 문제 모두를 포괄하는 것으로는 알 수 없는 많은 것들이 존재한다.

그러면 치매와 자폐의 과학적 단계에서 밝혀진 단백질을 살펴보자. 이 대목은 다른 차원에서 자폐와 천재의 비밀을 푸는 가장 큰 열쇠가 될 수 있다.

그 첫째가 바로 **SHANK라는 단백질**이다.

> *생크 단백질은 뇌신경세포를 연결하는 부위인 시냅스의 내부 구조를 형성하는 데 중요한 역할을 한다. 특히 시냅스 후막에 존재하는 여러 단백질이 Shank 단백질과 상호작용을 한다.*
>
> *쥐의 행동실험에 이어 뇌 해마 부위의 전압·전류를 측정, 추가 실험으로 Shank2가 결손되면 해마에서 시냅스 가소성에 문제가 생기고, 뇌에서 학습과 기억을 담당하는 NMDA 수용체에 의한 신경전달이 감소하는 것을 확인되었다.*[22]

위 내용은 자폐증 실험 도중에 밝혀진 이론으로 치매와 연관되어 있음을 알 수 있다.

또한 이러한 이론은 **자폐증**의 유전적 요인과 발병 원인을 규명하기 위한 운동으로 시작된 과학운동의 시작이다. **자폐증**(Autism)은 사회적 상호작용과 언어 및 의사소통의 장애를 보이고 기분과 정서의 불안정성을 나타내며 많은 경우에 인지 발달의 저하를 수반하는 발달장애이다.

---

22) Abul K. Abbas·Andrew H. Lichtman·Shiv Pillai 저, 세포분자면역학 교재연구회 역, 『세포분자면역학』, 범문에듀케이션, 2016.

자폐증은 한 종류의 발달 장애를 지칭하는 용어가 아니라 넓은 범주에서 여러 가지 특징적인 증상들을 공유하는 질환들을 지칭하는 용어이기 때문에 전반적 발달 장애라고도 한다.

자폐증의 경우 다른 정신 질환들에 비해서 상대적으로 **높은 유전**을 보여 주고 있기 때문에 자폐증의 유전적 요인에 대한 이러한 연구들은 자폐증의 생물학적 요인들에 대한 이해를 넓히고 이는 보다 효과적인 치료제 개발을 위해 중요하다.

그렇다면 생크라는 단백질과 과연 어떠한 관계인가?

이 단백질의 경우 시냅스의 구조를 형성하는 데 중요한 역할을 하는 발판 역할의 단백질이며 신경세포 수상돌기에서 다른 여러 단백질들과 상호작용하면서 시냅스 신호전달에 중요한 역할을 하는 것으로 알려져 있다.

생크 단백질은 크게 3가지 유형으로 나뉜다. 그중에서도 생크 2가 자폐증의 원인으로 지목되어 활발한 연구가 진행 중에 있다.

> *생크2가 결손된 생쥐에서 사회성 결핍, 인지학습기능 저하, 반복행동 및 과잉행동과 같은 자폐와 비슷한 증상들이 나타난 것을 확인하였다.*
>
> *또한 생크2가 결손된 생쥐는 NMDA에 의한 신경전달이 감소하였고, 해마에서의 시냅스 등도 손상되었음을 관찰하였다.*
>
> *따라서 이 단백질로 인한 사회성의 결함은 이미 쥐의 새끼애착 본능 결함으로 밝혀진 바가 있다.*[23]

---

23) Abul K. Abbas·Andrew H. Lichtman·Shiv Pillai 저, 세포분자면역학 교재연구회 역, 『세포분자면역학』, 범문에듀케이션, 2016.

그 본능에 대한 여러 가지 결핍된 사안은 가벼운 사안이 아니다. 모든 포유동물의 주축 역할을 하는 양식에 가깝고 그만큼 중요한 것이다.

사회적인 활동이란 인간생활 그 자체이다. 이러한 부분들은 인간의 삶 자체를 놓고 보더라도 중요한 부분이기에 간과할 수 없다.

그런데 왜 이렇게 중요한 부분을 담당하는 단백질이 이상증상을 보였던 것인가? Shank2의 경우 자폐증의 대표적 증상인 사회적 상호작용[24]의 결여, 의사소통[25]의 결여, 그리고 반복행동[26]을 보여 주었다.

> *Shank2 단백질이 많이 발현되어 있는 해마에서의 신호 전달에 이상이 없고, 전자현미경을 사용한 시냅스 미세 구조 관찰 결과 구조적인 변화는 없는 것으로 확인되었다.*
>
> *그러나 NMDA 수용체[27]에 의한 신호전달이 감소되어 있고 NMDA 수용체를 통한 신경세포 내에서의 단백질 신호전달 체계가 손상되었다.[28]*

이것과 연결 해마, 시냅스에서의 장기강화(Long-term potentiation)와 장기저하(Long-term depression)와 같은 시냅스 가소성이 모두 손상되어 있는 것으로 나타났다.

---

24) Social Interaction.

25) Social Communication.

26) Repetitive Behaviour.

27) NMDA/AMPA ratio의 감소.

28) Abul K. Abbas·Andrew H. Lichtman·Shiv Pillai 저, 세포분자면역학 교재연구회 역, 『세포분자면역학』, 범문에듀케이션, 2016.

자폐증 환자의 일부에서 나타나는 SHANK2 유전자 변이를 모방하기 위해 SHANK2 유전자의 exon6, 7을 deletion한 생쥐를 제작하였으며 이 생쥐에서는 Shank2 단백질이 제거되어 있는 것을 확인하였다.[29]

두 번째 단백질로는 프뢰자일 멘탈 릴레이티드 프로틴[30]이라고 하는 fragile X 단백질이다. 연약한 남성 증후군으로 번역되며 fragile X mental retardation protein이라는 뜻의, 성인이 되어서도 지능지수 40을 넘지 못하는 정신지체 증후군이다.

이러한 유전적 변이가 자폐증과 연관이 있다는 것은 상당히 고무적이다. 이 단백질 하나만 전문적으로 연구되는 연구소가 따로 있을 정도로 유명하다. 왜냐하면 암의 상관 관계에서 큰 비중을 차지하고 있기 때문이다.

브라질 상파울로대 의대(FMRP) 유전학부 오믹스 연구실 연구원과 미국의 하버드대 및 폴란드 포즈난대 연구팀은 인공지능 알고리즘과 서로 다른 33개 암 유형에서 얻은 1만 2,000개 표본의 유전자 데이터를 결합해 암이 어떻게 진행되는가에 대한 연구를 수행하기도 했다.

그런데 재미있는 것은 암을 연구하다가 나오는 것들이 대부분 신경질환이나 염색체 이상 증후군에 포함되어 있다는 것이다.

여기에서 귀결되는 논점은 모든 것이 유전자 발현에 의한 단백질의 중복으로 겹쳐 작용하는 것이다.

생명체가 모든 작용의 기본에 단백질 작용이라고 규정했을 때 당연

---

29) Abul K. Abbas·Andrew H. Lichtman·Shiv Pillai 저, 세포분자면역학 교재연구회 역, 『세포분자면역학』, 범문에듀케이션, 2016.

30) fragile X mental retardation protein.

한 귀결이지만 단백질 아니고도 수많은 원인이 있다는 것에 주목해야 한다. 대표적인 것이 인간 작용에 중요한 **호르몬 작용**이 되겠다. 이처럼 정신병에 국한된 많은 질병들은 이러한 호르몬 이상에 기이한 증상들이 많다.

세 번째로 설명해야 할 단백질이 바로 **PSD-95KD**[31)]이다. 풀이하자면 포스트 시냅스 덴스티라는 물질이다. 이것은 과연 무엇인가?

우선 우리는 기억을 하는 동물이다. 이것은 우리가 기억하고 생각하는 모든 것에 기인하는 개념이다. 그리고 기억을 논할 때 빠지지 않고 나오는 물질 중 하나이다.

그렇다면 자폐를 이야기할 때 왜 기억이 등장하는가? 이 둘의 상관관계는 자명하다. 치매와 자폐, 천재와 지체 등에 기인하는 인간개념의 핵심 사안은 바로 기억이기 때문이다.

기억을 담당하는 물질의 최고위 인자에 속한 psd라는 물질 속에서 우리는 자폐의 기준을 본다. 그 기준에 달려 있는 또 하나의 단백질, 바로 **CARDHERIN**이라는 단백질이다. 이것은 시냅스 전막과 후막을 서로 지탱해 주는 역할을 하는 단백질이다.

서로 간의 **시냅스 고유 물질**은 고정시켜 주지 않으면 교환을 할 수 없다. 그 때문에 뇌세포는 서로의 움직임과 진동을 묶어 주는 물질이나 단백질이 필요했다. 이것이 바로 뉴로리진이라고 이름 붙여진 교정 단백질이다.

분자유전학의 권위자인 스티븐 소머 박사는 이 교정단백질의 정의를 정립하면서 이것 외에 최소 100가지 이상의 정신질환과 관련된 것이

31) 95는 수소원자 무게를 뜻하는 달톤.

자폐라고 보고 있다.

지금까지 기술한 단백질만 보더라도 이렇게 많은 것들이 왜 자폐를 향하고 있는 것인가 하는 의문이 생긴다.

결국 중요한 결론은 치매든 자폐든 **스파인의 많고 적음**이다. 스파인에서는 여러 가지를 종합적으로 수행한다. 정보량이 많은 것을 많은 것대로, 적은 것은 적은 것대로 따로 양분하지 않고 종합적으로 수행한다.

서로 간의 양분된 모든 것은 서로 간의 도움을 필요로 한다.

지나치는 모든 것에 신경이 쓰이는 예민한 슈퍼 두뇌는 그래서 피곤하다. 두뇌 안에서 벌어지는 모든 처리들을 감당할 길이 없는 것이다.

우리 뇌는 많은 이야기를 한다. 가장 중요한 대목은 모든 것이 결코 많거나 넘친다고 좋은 게 아니라는 세상의 기본적 이치이다.

서로 간의 상호작용의 모든 이야기는 핵심적인 역할을 하는 단백질보다 옆에서 보조해 주거나 지탱해 주는 단백질이 더욱 중요한 역할을 할 때가 있다는 뜻에서 이 어려운 증상에 부연 설명을 보태고자 한다.

신경전달물질과 단백질

신경전달물질이란 모든 정신작용의 물리적이고 화학적인 기본 메커니즘이다.

우리 인간은 정신이라는 매혹적인 실체를 가지고 있다. 정신은 항상 변동하지만 사람은 항상 변하지 않는다. 바꾸어 말하면 사람이 변하지 않는 것은 정신이 바뀌어 주기 때문이라 할 수 있다.

사람이라는 물리적 실체는 변하는 존재이다. 출생을 해서 성장하고, 후에 늙어갈수록 우리는 피할 수 없는 세포분열과 소멸 과정을 겪으며 생명체이기에 변한다. 그 과정에서 우리는 무시할 수 없는 자연의 법칙에 순응해야 한다.

이러한 과정 중에 하나가 정신작용에 해당하며 결국 정신도 생물학적 메커니즘의 일종으로 보아야 한다. **그래서 정신도 물리적인 실체가 있다.**

이러한 개념의 정신은 무엇 때문에 변동하는가? 여기서 주요한 점은 정신은 인간의 모든 감정 요소를 포함한다는 점이다.

첫째가 외부의 자극 요소이다. 외부에서 발생하여 감각에 새겨지는 모든 일련의 과정들은 감정을 동반하게 되어 있다. 이것을 담당하는 영역이 바로 편도체이다. 다른 시각에서 이 편도체가 정신의 실체라고 해도 무방하다. 즉, 인간 정신의 출발점이다.

인간과 동물은 다를 것 하나 없는 생물이다. 신경전달물질의 경우는 이 작은 기분에서부터 출발하기에 항상 다른 느낌을 받는 것이 원동력이라 볼 수 있다. 우리가 깨어 있어 의식하는 각성 상태에서부터 잠자면서 나오는 상태까지 모두가 전적으로 이 신경전달물질의 영향을 받는다.

그럼 과연 이렇게 중요한 모든 것의 영역을 차지하는 신경전달물질은 무엇이며 어떠한 것들이 있는가를 살펴볼 필요가 있겠다.

많은 것들 중에서 가장 중요한 것은 역시 **Ach이다.** 우리의 각성에 반드시 필요한 물질이다. 신경의 말단에서 분비되며 자극을 근육에 전달하는 화학물질로 역할을 하기 때문에 그러하다. 우리가 깨어 있어 이야기하는 모든 작용과 생각도 이러한 물질에 기원한다는 것은 중요한 점이 되겠다.

콜린성 물질은 주로 혈압 강하, 심장박동 억제, 장관 수축, 골격근 수축 등의 생리작용도 포함한다. 화학작용의 중요한 예로서 작용하는 화학식에 의하면 마지막에 아세트산으로 분해된다. 또한 콜린과 아세트산의 작용에 따라 교감 신경절 등의 인지질로의 인산 조합을 촉진하는 작용, 크롬친화성 세포나 비만세포에서 아민류의 방출을 높이는 작용 등을 한다.

중요한 것은 아세틸콜린이 가장 많이 쓰이는 것은 근육이며, 근육의 길이에 따른 적용도 많은 차이를 보인다고 할 수 있다는 점이다.

따라서 수의근의 운동신경종판에서 방출된다는 것을 밝혀냈으며, 이외에 수많은 신경 시냅스에서도 전달물질로 작용한다는 사실을 확인했다. 경우에 따라서는 이것뿐만이 아니라 많은 역할을 하고 있고 여러 가지 복합작용으로 인체에 많은 영향을 미치며, 의식작용의 큰 영향으로 인지되어 있는 실증이다. 따라서 콜린의 영향으로 어떠한 곳에든 준비상태로 대기할 수 있다.

두 번째로 중요한 **세로토닌**[32]을 들 수 있다. 정신질환의 대명사 세로토닌이다. 우울증의 대표적인 신경전달물질이라고 볼 수 있다. 세로토닌을 정의하자면 트립토판에서 유도된 화학물질로서 혈액이 응고할 수 있도록 혈관 수축작용을 하는 물질이다.

그래서 5HT-**하이드록시 트립타민**이라고도 한다. 인간과 동물의 위장과 혈소판, 중추신경계에 주로 존재하며 행복의 감정을 느끼게 해주는 분자로 호르몬이 아님에도 해피니스 호르몬이라 불리기도 한다. 감정에서 많은 영향을 보이는 전달물질은 대부분 당시의 기분과 연결이 밀접하다. 그리고 기분의 전환이 다양하다. 기분이 나빠졌다가 급속히 좋아지고 또다시 나빠지는 현상이다.

조울증을 경험하는 데도 이러한 세로토닌이 필수적 물질이다. 그 가운데 가장 대표적인 기분이 우울증인 것이다. '내 마음 나도 몰라!', '아무 일도 없는데 왜 이렇게 허탈하지?' 등등의 기분적 전환이다.

세 번째 중요한 물질은 흥분의 대명사 에피네프린, 노르에피네프린이다. 우리가 먹고 마시고 생활하는 모든 것 중에서 우리 자신의 외부로부터 오는 자극에 의해 기분이 전환되는 경우가 있는 반면에, 외부의 자극을 제외한 자아 안에서의 전환 모든 것은 이러한 신경전달물질 때문이다.

동물적 기원에 의한 생존욕구문제에 기인한 많은 연결고리가 서로간의 이해관계에 의한 연결고리에 의해 설명되어질 수 있다. 이러한 의욕과 동기, 즉 도파민 활성화이다.

---

32) 5HT.

우리가 인간답게 생활하는 데 가장 중요한 물질인 도파민은 사회관계의 연결고리를 보충해 준다. 도파민에 대한 수용기가 있는 뉴런은 망상계, 변연계, 시상하부에 집중되어 있다.

RF 포메이션, 즉 그물 망상계는 감각기관에서 대뇌피질로 가는 정보를 선택적으로 여과하고 개인의 흥분상태를 조절한다. 이러한 이유로 도파민이 과다하게 분비되거나 도파민을 노르에피네프린으로 전환시키는 효소가 부족하면 조현병으로 발전하게 된다는 이론은 터무니 없는 말이 아니다. 기저핵의 활동에 의한 도파민 활성화에서 예술가들이 고도의 사고 작용 마지막에 극도의 쾌감을 느끼며 좋은 작품을 만들어 내는 원리 또한 이와 더불어 설명될 수 있다.

뇌의 흑색질[33]의 신경세포에서 분비되며 중추신경 계통의 기저핵[34] 등의 여러 부위에서 고농도로 존재한다. 운동, 인지, 동기 부여에 영향을 주는 도파민은 인간다운 생활의 영위에 최전선에 있다.

그리고 무엇보다 중요한 두 개의 신경물질. 바로 흥분성 글루타 메이트[35]와 억제성 가바[36]이다. 이 부분은 뒷장에 다시 다뤄 보기로 한다.

---

33) substantia nigra.
34) basal ganglia.
35) GLN.
36) GABA.

생물과 물리작용의 원리

물리학에서 뉴턴의 법칙 중에 하나가 작용 반작용의 법칙이다. 어떠한 힘이 물체에 의해 가해지고 휘어지면 힘이 원래 있던 자리로 돌아오려는 성질이라 이야기할 수 있다.

왜 갑자기 생물현상을 이야기 하다가 물리학인가? 이것 또한 물리에서만 적용되는 것이 아닌 생화학이나 생명과학에 그대로 적용할 수 있기에 그러하다. 그 때문에 뉴턴[37]은 그만큼 이상의 대우를 받아야 하며, 인류 역사상 가장 큰 상을 주어도 아깝지 않은 인물이다.

우리가 태어나서 엄마 젖을 처음 빠는 그 순간도 이 법칙으로 성립된다. 그리고 생활하고 지내 오면서 접하는 모든 경험과 시간의 흐름은 작용으로 인한 피드백으로 누적된다.

인간생활의 최정점. 물리의 힘이 항상 짝으로 작용하듯 인간의 과정 또한 더불어 존재하게 된다. 이것으로 인간이 만든 상형문자인 한자 표기에서도 사람 인(人), 사이 간(間)을 통해 인간을 정의해 놓았다.

너와 나, 나와 너. 이것은 작용의 첫 시작이다! 감정의 교류이다. 그리고 동감의 원리이다. 또한 서로 간의 이해이다.

생각해 보면 인간의 모든 욕구 안에서 이해타산이 성립된다. 그것은 인간만이 누릴 수 있는 모든 커뮤니티의 시발점이 된다.

---

37) 아이작 뉴턴: 물리학자.

작용의 원리는 세포에서부터 살펴볼 필요가 있다.

이 세포마저 우리는 작용을 기다린다는 것을 알 수 있다. 일단 세포에는 우리들의 정보가 담겨 있는 유전자가 있다는 것을 알 수 있다. 이러한 유전 정보 안에서 우리가 서로 같은 부류이며 비슷한 유전자를 공유한다는 원리를 초등학교에서부터 배운다.

우리는 같은 듯 다르다. 작은 것에서부터 큰 것까지 모두가 염기서열에 배열에 따라 조금씩 달라진다는 것을 우리는 안다. 이러한 생명의 메커니즘이 세포 서로 간의 조율을 시작하고 미토콘드리아와 어울려 공생관계의 하모니를 만들어 내는 것이 우리의 몸이다. 서로 간의 형태 가운데 각각 들어 있는 많은 일들 사이에서 우리는 하나의 물리적 실체가 되는 것이다.

세포 안에서 벌어지는 무수한 일들에 대하여 이론적인 연구가 상당히 많이 진척되어 왔다. 수많은 단백질의 작용과 효소 작용의 생물학적 이론에서 염기의 순서를 알았고, 이러한 것들에서 순환되어 나오는 APT 에너지원까지를 우리는 보고 느꼈다.

어김없이 여기에서도 작용 반작용의 법칙이 등장한다. 정확한 의도와 생각은 하나의 또 다른 행동으로 이어지듯이 세포 안에서도 어떠한 물질을 받아들여 단백질을 합성할 것인가 아닌가가 중요하다.

그럼 이제는 세포 안을 살펴보자. 일단 세포는 인지질 이중막으로 구성되어 있다. 인지질 이중막이란 무엇인가. 인의 재질로 된 각각 분리된 실체의 연속흐름이 각각 정교하게 붙어 있어 하나의 연결된 막으로 보이는 것이다. 이러한 구조 때문에 독립된 생명체인 미토콘드리아가 들어올 수 있었다. 그들은 우리 몸에 전세를 놓고 사는 가까운 공생관계자다.

그들은 우리 몸이 없으면 안 되고 우리도 그들이 내어 놓는 에너지원(ATP)이 없으면 몸을 유지하기가 힘들다. 이것이 바로 그 오묘한 회로 크랩스 회로, 우리말로 구연산 회로이다. 처음 글루코스에서 피루브산으로 만들어진 물질로, 그 자체의 의미는 생명이다.

미토콘드리아는 이 **Pyruvate**을 받아들이는 존재가 된다. 피루브를 받아들여 아세틸 코엔자임-A로 변형시키고 이것을 그 유명한 구연산 즉, 시트르산으로 연결한다. 시트르산은 아이소 시트르로 변형이 되고 이것이 바로 아미노산을 만드는 통로인 알파케토 글루탐산으로 바뀐다. 텔레비전 유명 광고에도 많이 등장한다. 이처럼 글루코스의 원리파생물질이 미토콘드리아에서 이루어진다.

즉, 우리의 건강을 좌우하는 것은 '근육에 있는 미토콘드리아'이다. 근육에는 다음 세 가지 종류가 있다.

첫째, 심장을 움직이는 근육.
둘째, 내장을 움직이는 근육.
셋째, 운동을 하는 골격근.

미토콘드리아가 많이 들어 있는 근육 중에서 우리가 뜻대로 조절할 수 있는 유일한 것은 골격근이다. 그 때문에 미토콘드리아는 운동을 요구한다. 운동을 하면 1주일 만에도 미토콘드리아 수는 늘어난다. 같은 운동량으로 뛰는 운동을 매일 1시간 정도 계속하면 한 달 후에는 2배까지 미토콘드리아 수가 늘어난다.

미토콘드리아는 항상 대기 중이다. 언제나 부족한 영양분을 다른 곳에서 보충하려고 하며 지방이 연소되기 전에 근육의 단백질을 분해하여 에너지원으로 사용한다.

그러면 근육과 더불어 미토콘드리아도 감소되는데, 이것이 더 큰 문제이다. 미토콘드리아가 줄어들면 그 전 같은 에너지를 만들 수 없다. 그러면 음식을 줄여도 모든 것을 에너지로 바꿀 수 없기 때문에 남은 것은 모두 지방으로 축적된다. 에너지를 만드는 능력 저하로 지방이 축적되는 상태, 이것은 대사증후이다.

미토콘드리아 안에서 우리는 많은 이야기를 한다. 다른 생명체의 능력을 말이다. 세포 내에 관찰되는 모든 작용들을 이것으로 마무리할 수 있다. 바로 미토콘드리아이다.

작용과 반작용은 미토콘드리아와 세포핵으로 귀결된다.

스파인의 크기

모든 것이 그러하듯 크기는 중요하다. 왜냐하면 어떠한 정보를 담는 그릇이기 때문이다.

이 정보라는 것은 무엇을 말하는가? 생물학적으로 단백질 작용이라고 할 수 있다. 그럼 왜 단백질이 우리의 생각이고 정보일까? 더 엄밀히 말해서 이온 칼슘이 우리의 생각일까? 정확하게 이온 **칼슘**(Ca)[38]이 우리의 생각이다.

스파인의 바깥 공간에는 칼슘이 득실득실 떠다닌다. 이 이온은 언제든 기회를 보고 있다. 기다리는 사안과 기회 즉, 모든 것을 단단하게 고착화시킬 기회를 말이다.

그래서 이 칼슘을 움직이지 못하게 묶어 두는 단백질이 따로 있다. 대표적인 것이 조면소포체(ER)이다. 우리 몸은 용이하게 이 칼슘을 사용한다. 뼈에나 손톱에만 갈 수 있도록 말이다.

하지만 이 칼슘이 잘못 이용되거나 농축되면 돌이킬 수 없는 결과를 초래한다. 바로 결절을 만들어 버리거나, 딱딱하게 만든다. 스파인이 딱딱해지면 쓸모없어지는 것은 말할 필요가 없다. 이러한 몸의 기전은 우리를 보호한다.

그럼 왜 이런 독약을 스파인은 받아들이는 것일까? 기억을 공고화하는 과정에 칼슘이 적용된다. 기억을 할 때 반드시 필요한 것이 칼슘이

---

38) Ca^{2+}.

다. 우리 머리 안에는 많은 모양의 스파인이 있다. 그것은 우리에게 많은 뉘앙스를 준다. 우리가 행동하는 모든 것이 이 스파인 모양에 달려 있다.

버섯 몸, 보디![39] 버섯 모양의 몸체를 가진 스파인이다.

이것은 건강한 사람들 그리고 지적 활동을 많이 하는 사람들에게서 많이 보이는 모양이다. 이러한 것들은 대개 머리의 지능지수가 좋다.

하지만 이런 모양 좋은 스파인이 무조건 많다고 좋은 것이냐? 아니라는 것이다.

자폐 성향을 지닌 아동의 스파인 안에서는 이런 모양 좋은 스파인의 형태가 굉장히 많이 보인다. 즉, 슈퍼두뇌이다. 모든 것에서 뛰어난, 즉각적으로 반응하는 성능 좋은 회로이다.

그런데 이것이 독약이 된다. 자신이 감당하지 못하게 된 것이다. 반대로 정신분열증 환자들의 머리 안에 있는 스파인 모양들은 쭉정이나 다름없이 비어 있음이 확인되었다.

이것은 무엇을 뜻하는가? 스파인의 모양이 정신 상태를 대변한다는 말이 된다. 그럼 왜 이렇게 쭉정이처럼 말라 있으면서 굳어질까? 바로 칼슘의 과도한 작용일 것이다. 칼슘이라는 성분은 스파인에게는 충분히, 그렇지만 과도하지 않게 있어 주어야 하는 물질이다. 이처럼 스파인의 모양과 칼슘과의 관계는 충분히 밀접한 관계가 있다.

---

39) MB.

PART 02

그림과 발상

창의적 그림이란 무엇인가?

창의성이란 말은 무엇을 뜻하는가?

우선 하나의 사진부터 먼저 보자.

피카소, 「우는 여인」

이 그림은 유명하다. 바로 「우는 여인」이다. 피카소는 이 그림을 그려 놓고 십 년 후에나 사람들이 의미를 이해할 거라고 말했다. 이것은 아인슈타인이 상대성 이론을 전개해 놓았지만 당시 어떤 과학자도 그 이론을 이해 못 하고 있던 것과 동일하다.

창의성이라는 것은 흔히들 새로운 것이라고 말들 하지만 엄밀한 의미에서는 그것이 아니다. 하나의 예를 들어 놓고 그것을 반복하고 반복해서 예전에는 알지 못했던 사실을 발견하는 것이다.

이런 의미에서 새로움이라는 접근 자체와 창의적이라는 것은 이미 있었지만 모르고 있던 사실을 발견할 뿐이라는 것이다. 알고 싶어 하는 의지와 노력으로 말이다. 어떤 의미에서는 의지가 곧 창의적성이다. 이것은 피카소의 작품에서 잘 드러난다.

다시 피카소 그림으로 돌아오자. 그림만 봐서는 뭐가 사람이고 배경이고 옷인지를 잘 알아볼 수 없다. 이것부터가 당시의 생각의 전환을 가져오는 시발점이다. 단순하고 있을 법하게 보이지만 외곽이 그림의 생명이던 당시에는 생각지도 못한 생각의 전환이었다.

피카소는 이 작품을 완성하기 이전에 굉장히 많은 습작을 했다고 전해진다. 단지 주제와 배경의 미분리만을 위해 그렇게 많은 습작을 했을까? 그런 것만이 아니다. 미술계에서 큐비즘이라는 한 사조를 탄생시키기 위한 일종의 예비동작이었다. 이러한 배경과 사람의 혼동은 시각적인 혼합으로 시점을 파괴하는 **시간**성이 생겨나 버린 것이다.

예로부터 그림에서는 불문율이 있다. **고정된 시점만이 있을 뿐이다.** 그런데 이런 접근은 당시로서는 생각할 수조차 없었던 사안이었다.

그리하여 이것으로 인한 시간성의 변형이 우리가 지금 누리고 있는 동영상이 발명하게 되는 출발점이 되었다. 바로 이것 때문에 큐브-입체파[40]라는 신사조가 등장하게 된다. 이것은 후에 수많은 미술 사조를 낳는 시발점이 된다.

형태 영역에 있어 피카소가 창안한 이 다시점 구조의 접근은 가히 절대적이었다. 형태의 해체와 파괴, 그리고 재조립의 시도는 미술계에 영향을 미치기 시작하였다. 궁극적으로 기하학 추상을 만들어 내는 계기가 되었으며, 미니멀 아트로 나아가는 발판이 되었다.

그런데 여기서 중요한 사안이 있다. 결과적으로 형태는 시대가 지나면서 발전할수록 더욱 **단순**해진다는 것이다. 아무것도 없는 본연에 가까운 것으로 예술은 향하고 있다. 이것이 바로 미니멀 아트이다.

그럼 예술이 이러한 단순함과 간결함으로 간 사연은 무엇인가? 원래 예술은 복잡성을 추구하였다. 이것이 깊이 있는 것과 아름다움의 기준이었기에 말이다. 적어도 1800년대까지만 해도 그랬다.

이러한 이유는 복잡한 현실을 재현하기 위한 방법의 획기적인 변화로 보아야 옳다. 그것은 바로 **카메라**의 발명이다. 현실을 재현할 능력을 가진 기계가 등장하면서 재현 의무가 동시에 사라져 버린 것이다. 이 경우를 미학자들은 현실 재현의 의무에서 예술가들이 해방되었다고 하였다. 곧 이것이 소묘력을 요하지 않게 되고 잘 그린다는 개념을 잘 생각한다는 개념으로 바꾸는 계기가 된다.

그림이라는 것 또한 하나의 보이는 것에서부터 시작하여 발상을 거치게 된다. 여기는 특히 미술가 개개인만의 사상이 필연적으로 들어가게 되어 있다. 무엇을 그리고 왜 그려야만 했는지에 대해서, 덧붙여 어

---

40) Cubism.

떻게 그려야만 되는지에 관하여 말이다. 그림이라는 단순하지만 심오하고 복잡하게 다가오는 뉘앙스는 우리가 풀어 나가야 할 몫이다.

생각의 전환

우선 생각을 해 보자. 흔히 멍하게 있거나 잔머리를 굴릴 때나 다른 사람 눈에는 생각하는 것처럼 보인다.

우리의 생각은 하나의 경험과 자극에서부터 나온다. 그 경험 자극이 어떠한 내용을 담고 있는지에 따라서 많은 갈림길에 들어가게 된다.

우리가 사고라고 부르는 생각 자체를 이처럼 경험에 의지한다. 그 때문에 유아기나 청소년기의 외상 스트레스가 평생의 감정을 좌우한다는 것은 분명히 알려진 사실이다.

현재 우리가 생각하는 모든 것들은 예전의 기억을 항상 불러온다. 이것을 **에델만 파페츠**(Papez)[41]라고 한다. 예전 기억을 끄집어내어 불러오는 과정이 곧 기억이고, 그 기억을 바탕으로 우리의 자아가 형성된다는 것에 이의를 제기하는 전문가는 요즘은 아무도 없다. 따라서 생각은 정서를 불러오고 정서는 마음이 관장하기에 생각이 곧 마음이라 하겠다.

그러면 마음이 전환될 수 있는가? 그렇다. 생각이 곧 마음이기 때문에 그러하다.

다른 방향으로 시선을 돌리거나 방향을 바꾸는 것을 전환이라고 한다. 모두가 다 그렇듯이 이건 모든 일들에 대한 방향성을 틀어 주는 일이라 하겠다.

---

41) papez cicrut.

그럼 전환을 왜 굳이 해야 하는가? 비교하기 위해서이다.

앞서 이야기한 회로에서도 예전 기억과 지금의 기억을 비교하는 작업을 한다고 하였다. 이것은 옳고 그름의 문제가 아니다. 어떠한 것이 처음인가 아닌가의 문제이다. 따라서 새로운 것을 도입하려면 반드시 예전 기억이 있어야만 한다.

그리고 이것은 서로 비교되기를 원한다. 상관성이 있는 기억 상태에 따라서 서로를 비교해 주기를 원한다. 처음 올라오는 감각의 입력은 굉장히 새롭고 신선하게 느껴진다. 이것으로 인한 콜린과 도파민의 작용이다. 처음에는 이러한 것이 많이 분출되지만 시간이 지날수록 뇌는 자극을 원치 않게 되고 아무리 놀라움을 동반하여도 그저 그런 것으로 치부해 버리게 된다.

그림으로 돌아와 우리가 그림을 그린다고 하는 모든 것들과 물리적인 실체, 즉, 네모 판과 액자는 전부 기존에 있어 왔던 프레임이라서 우리들은 쉽게 그것들의 모양을 보아 오고 눈에 익혀 온 상태이다. 그 때문에 그림은 그린다는 고정관념부터 먼저 뇌리에 떠올리게 된다. 그래서 여간 독창적인 방식이 아니면 창의적이라는 뉘앙스를 주기가 사실 어렵다.

그럼 어디서부터 사고의 전환을 가져와야 하는 것인가? 이러한 시발점을 찾기란 쉽지 않은 문제이다. 먼저 사물의 본질부터 이것이 이것인지를 따져볼 필요가 있다.

시뮬라크르

하이데거가 이야기한 가상의 세계이다. 우리의 본질, 물리적 실체는 우리의 몸체지만, 그 실체에 우리는 가상의 표상, 즉 이름을 붙여 놓았다. 그 때문에 우리는 우리가 아닌 가상의 이름을 부르고 돌아보고 있는 것이다.

따라서 그 유명한 마그리트의 「파이프」 작품이 탄생하게 된 연유도 바로 여기에 있다.

이것은 파이프가 아닙니다

이 그림에는 분명 '이것은 파이프가 아니다'라고 적혀 있다.

왜 그랬을까? 파이프를 그려놓고 파이프가 아니라고 하는 것은 말이 되는가?

그렇다. 말은 안 되지만 본질적 실체는 맞는 이야기이다. 우리가 정해 놓은 규정, 언어라는 도그마에 묶여진 가상의 실체가 이름이다. 그러므로 당연히 이 그림에서 나타나는 문구는 맞는 것이다.

분명히 이것은 파이프가 아니고 담배를 피우기 위한 도구의 물리적 실체이다. 그렇기 때문에 정확한 규정에 이은 우리의 언어는 모두가 그렇듯 가상이다.

바로 이것이 중하다. 왜냐하면 여기서부터 사고의 전환을 가져오기 때문이다. 기존에 물리적 실체에다가 정해 놓은 코드, 즉 표상을 전환하는 것부터 시행되어야 한다. 이것이 그러한 것에부터 시작되는 안에서부터 바깥으로 나가는 시발점이 된 사항이 중요한 것이다. 따라서 창의성을 요구할 때는 언제든지 정해진 것에서부터 정해지지 않은 것으로의 전환을 요구하게 된다.

그림으로부터

우리에게 그림은 많은 것을 이야기해 준다. 우리 또한 그림으로부터 많은 것을 배운다. 우리는 기원부터 문자보다 이미지를 추구해 왔다. 이미지는 우리에게 포괄적인 정보를 제공해 준다. 즉, 상상할 수 있게 해 준 것이다.

그럼 언어는 어떠한가? 이것을 정확한 법칙에 맞추어 규격화했을 뿐이다.

먼저 최초의 그림을 살펴보자.

동굴벽화

1만 4천 년 전의 그림 치고는 굉장히 정확한 표현이다. 정확한 표현으로 그려진 것도 모자라 안료를 통해 입혀진 정확한 색채가 눈에 보인다.

바로 인간종(당시 네안데르탈인)이 그린 초기 그림이다. 정확한 시각을 가지고 정확하게 측정 판단하여 그려진 그림이다.

이보다 더 앞선 알타미르 동굴벽화(스페인)가 있다. 무려 3만 년 전 그림일 것이라 추정된다.

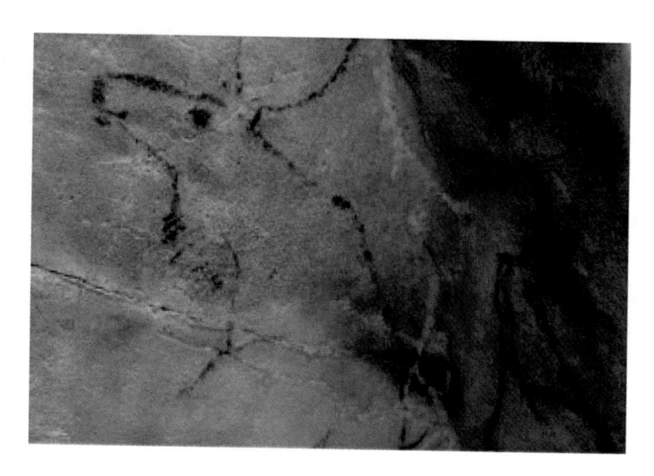

라스코 동굴벽화

삽살개

이 그림은 우리나라 화백 김두량 작품이다. 삽살개를 그렸는데 굉장한 생동감이 돋보이는 작품이다.

이것의 매체는 붓과 벼루이다. 사실상 제약이 크다고 할 수 있는 동양화 매체를 이용하여 이 정도의 리얼리티를 살려 낸 것은 좀처럼 보기 힘들 것이다.

동물 그림은 무엇보다 생동감이다. 이러한 생동감은 정확한 묘사를 전제하여야 한다. 그 때문에 생동감을 자연스럽게 표현하기가 어려운 것이다. 그 무엇 하나 불필요한 요소가 있으면 안 된다.

나디아[42]라는 7세 자폐 소년이 그린 말 그림은 워낙 생동감이 좋아서 르네상스 대가 다 빈치의 말 그림과 자주 비교되었다.

여기에서 묘사라는 것은 단지 선 몇 개를 모은 것뿐이다. 그런데 단 하나의 선도 엉뚱하게 박힌 곳이 없다. 어떻게 알았을까? 배우지도 않았는데 말이다. 제각기 적재적소에 배치되어 있어 어떠한 정교한 묘사보다 더욱 효과가 좋게 배치되어 있을 따름이다. 또한 어떠한 군더더기도 없이 간결하다.

이는 어떻게 이런 효과와 선의 맛을 말도 못하는 자폐 아동이 알았을까 하는 문제로 귀결된다. 이에 대해 많은 이들이 자폐 아동의 시각적인 뇌에 따른 편화 현상이라고 지적한다.

그럼 이들에게서는 뇌세포의 결손으로 이런 편재화가 일어나는가?

아니다!

앞서 설명한 대로 너무 많은 뇌세포의 스파인이 원인이다. 이것을 설명할 때면 앞에 알츠하이머라는 수식어가 항상 따라다닌다. 자폐와 치매는 많고 적음의 차이이기에 그러하다. 그 때문에 같이 놓고 보아야 하는 것이 옳다.

다음으로는 세포의 메커니즘으로 다시 돌아가서 이 현상을 기술하려 한다.

42) 나디아 천재적 자폐 아동(서번트 증후군).

PART 03

세포로부터

신경세포의 퇴화

우리는 태어나자마자 늙기 시작한다. 이것은 그 누구도 거역할 수 없는 자연의 법칙이다. 우리는 지구상에 있는 생명체로서 죽음을 부여받았다. 이러한 죽음의 메커니즘에는 우리가 알 수 없는 분자나 세포 레벨의 작용이 거론된다.

세포는 항상 살기 위해 분열한다. 여기에는 미토콘드리아도 거든다.

세포는 이제 분열하기를 멈춘다. 이것이 죽음의 길이다.

베타 아밀로이드[43)]

이것이 그 장대한 죽음의 주역이다. 요즘 많이 생겨나고 있는 노인병원….

그렇다면 왜 우리나라만 해도 250만 명을 고통으로 몰고 갔던 이 주역을 잡지 않고 제약회사들은 가만히 있었는가? 제약회사들이 이것을 가만히 놓아둘 리가 없다. 이것은 어떠한 인류의 문제보다 천문학적인 금액이 숨겨져 있는 문제이기 때문이다.

수많은 제약회사의 연구진들이 이 주범을 잡기 위해 서로 경쟁하듯 450여 회의 실험을 연구했다. 그런데, 450번 전부 실패한 것이다!

---

43) B-아밀로이드.

그 이유는 치명적인 부작용이었다. 그 이후로 제약회사의 연구진들은 이제 알았다. 죽음의 길목에 선 생명의 오묘함을 말이다.

그럼 도대체 이 베타 아밀로이드라는 것은 무엇이기에 그들을 이토록 골머리 아프게 했던 것인가? 일단 이것의 물리적 실체는 약 700겹의 아미노산으로 된 단백질에서 출발한다.

이것이 APP[44]인데 문제는 이것에서부터 672~713번의 42개 서열이 바로 죽음의 서열이라는 것이다. 보통 알파라는 절단 효소가 먼저 자르고 생명의 분열 속으로 이 단백질을 보내면 이것은 문제없는 생명의 길이다. 그런데 베타 절단 효소가 알파가 처리하기 전에 빠르게 와서 672를 먼저 잘라버리는 것이다.

순간의 차이, 이것이 바로 삶과 죽음을 가르는 운명의 기로인 것이다. 그래서 베타 아밀로이드인 것이다.

그러면 이것이 잘려서 과연 무엇이 되기에 그토록 위험한 행진곡을 시작하는 것일까? 우리는 이것을 쓰레기로 표현하는데 이 베타 쓰레기가 모여 큰 집단을 이룬다는 데서 문제가 생긴다. 그리고 세포 인지질 이중막에 결국 박혀 버린다. 그리고 미토콘드리아의 DNA 정보를 엉망으로 만들어 놓는다. 결국 세포 죽음을 초래하게 된다.

지금까지의 이야기는 신경세포 안에서 일어나는 현상이다. 이렇게 치매가 된다. 지금까지의 이야기들은 원인에 대해서 간략하게 기술한 것에 불과하고 엄청나게 많은 단백질들이 이 세포의 죽음에 관여한다.

이 대목이 왜 필요한 것인가? 이것은 자폐아, 그림 그리는 뇌의 관계와 맞물려 있기 때문이다. 그중에서도 자폐 아동이 그리는 그림에서 이러한 배타 아밀로이드를 분해하는 단백질 효소 작용과 동일한 작용

---

44) 아밀로이드 프리커스 프로틴.

을 하는 물질이 있다. 그 물질이 바로 앞서 언급한 **src 호몰로지+anc 단백질**, 즉 SHANK 단백질이다.

따지고 보면 모든 단백질은 기억과 기분, 생각 등 모든 인간 작용에 쓰이고 있지만, 그 양의 차이나 빈도 차이에서 여러 인간 활동이 다르다는 견해를 전제하고 보아야 하겠다. 인간이라는 의미에서 우리의 모든 활동은 뇌의 산물인 점에서도 그러하다.

언제나 우리가 염두에 두어야 할 것이 있다. **장애와 재능**이 모두 뇌의 산물이라는 것이다. 그리고 양분되는 두 가지 전부가 같은 신경전달물질에 의해 결정된다는 점이다. 그 때문에 세포의 관점이 중요해지는 것이다.

세포의 스트레스

세포 공생설 즉, 세포가 서로 살아남기 위해 서로에게 주고받는 공존에 관한 문제가 지금 우리의 지능의 발전이라고 해도 과언이 아니다.

사실 생각이란 것 또한 여기부터 발현된다. 우리가 지금 이 세상에서 누리고 있는 모든 것들 또한 하나의 원세포라는 것에 주목할 필요가 있다.

우리의 존재는 우리가 생각하듯이 그리 어렵게 출발하지 않았다. 단지 세포 각자가 서로 같이 살기 위한 방법을 찾다가 진핵세포라는 탈출구를 찾았고 독립 생명체인 미토콘드리아는 여기에 동참하였다.

이것이 우리가 보는 **생각**의 출발점이다. 이것은 중요한 문제이다. 생각의 메커니즘은 곧 세포의 작용이라는 점에서 그러하다.

그러면 세포 관점에서 어떠한 이온 작용인가를 살펴보자. 그 주역은 칼슘이다. 이러한 기반들은 언제든지 인간의 생각을 만들 기본 조건을 갖추었다. 하나에서부터 열 가지의 정확함에 의한 조건, 이것이 생각의 조건인 것이다. 이것은 화학적 작용에 기반을 둔다. 정확성을 요구하기도 하지만 연결성을 강조하기도 한다. 그러므로 한 가지에 하나씩 피드백을 요구하고 반응하는 것이 세포의 활동이다.

그럼 이제부터는 얼마만큼의 화학적 실체가 움직이고 서로 주고받는지를 살펴보자.

에릭 캔델의 『기억을 찾아서』[45]에서 제일로 강조되는 단백질이 CREB[46]라는 물질이다. 가장 많은 물질과 상호작용을 이루고 서로 연관되는 결과의 시작점이 CREB(Cyclic Response Element Binding)라는 물질이다. (CAMP response element) 싸이클릭 AMP 반응 요소 결합 단백질이라는 뜻이고 그 종류 중에서 바인딩이라는 의미를 지닌, 위에 붙어 있는 단백질도 겸하여 있다. 즉, 싸이클릭 리스판스 엘리멘트 바이딩(cAMP)의 단백질은 기억에서 가장 주요한 역할을 하는 것이다.

그런데 역으로, 세포에서 생각만큼이나 중요한 몫이 스트레스[47]인데 이러한 스트레스는 세포 관점에서 치명적이다.

세포에서 가장 큰 물리적 스트레스는 무엇일까? 첫 번째가 자외선이다. 다음으로 심리적 스트레스는 무엇일까? 압박감이다. 이러한 스트레스에 노출되는 경로는 다음과 같다.

우선 세포막을 뚫고 들어온 스트레스 분자가 프로틴 38[48]이라는 단백질과 만나게 되고, SAPK[49] 스트레스 어소시에이트 프로틴 키나제를 만나게 되고 JNK[50]라는 단백질을 작동시킨다.

이것은 MSK1, MAPK, APK1, P108 프로틴과 결합하여 CREB 키나제를 억제시킨다. 바로 기억활성의 반대 기전으로 작용하는 것이다.

이것은 여기서 끝나지 않고 전사조절인자 RNA중합효소[51]에 가서 작용한다.

---

45) 기억의 분자 메커니즘.
46) 전사조절인자 발현 단백질.
47) 자외선 스트레스.
48) p38 k.
49) 스트레스 단백질.
50) 정크 단백.
51) 폴리머라제 2.

따라서 결국 유전자 정보에 영향을 미치는 단계까지 가는 것이 스트레스이다.

전사조절인자

우리는 어떤 상황이든 유전적 이유를 제일 우선시한다. 예외 없이 인간을 유전에 의해 종속되는 동물군으로 보기 때문에 그러하다.

그럼 유전인자란 것이 과연 무엇이기에 모든 상황과 이유를 이 요소에 맡기는 것일까? 이것을 설명하기 위해 우선 염색체부터 살펴볼 필요가 있다.

우리 몸 세포핵 내에 염색체는 총 46개 각 23쌍이 존재한다. 이 한 개의 염색체는 X 모양의 털실이 뭉쳐진 모양으로 생겼다.

정확한 구조도 실이 여러 겹 감겨 있는 이중나선[52]의 실이라고 보아도 무방하다.

이 실 가닥은 사실 실 모양이 아니라 **Histone 8량체**[53]이라고 하는 단백질에 의해 뭉쳐진 실체를 실로 착각하는 것이다.

이것은 하나하나의 핵산[54]이 연결되어 만든 정확한 타입의 T자형이다.

언제나 모양은 그 형태대로 쓰일 곳이 정해져 있기 마련이다.

이것 또한 마찬가지이다.

이 중에서 위의 일자형은 다른 핵산을 연결하기 위한 고리 역할이고

52) 왓슨, 클릭이 발견.
53) 히스톤 8량체 원판.
54) 뉴클레오 타이드.

아래의 세운 일자는 전사를 할 때 쓰이는 RNA[55]의 염기코드를 맞물리게 하기 위한 모양이다.

그래서 자연은 참으로 오묘하다는 생각을 떨쳐버릴 수 없게 된다.

우리는 하나하나의 의미를 곱씹어 볼 필요가 있다. 하나의 의미가 곧 전체의 의미로 다가올 때가 있다. 이것 또한 자연이라는 섭리가 그냥 생긴 것이 아니라 서로의 조화를 맞추고 발생하였다는 데 의미가 있다.

그럼 핵산이라는 것은 무엇인가? 이것이 우리의 유전자의 시작이다.

아데닌, 시토신, 구아닌, 티민 이 네 가지는 우리 유전자의 근본이 되는 염기쌍이다. 지금의 모든 것은 정보는 언제 어디서든 정확한 염기서열에 의해 정해진다.

이것은 전사를 할 때 RNA 형태로 바뀌게 되는데, 이때에는 아데닌, 시토신, 구아닌, 우라실 형태의 염기쌍 구조를 띠게 되어 mRNA,[56] 즉 메신저 RNA로 우리 몸속 정보를 전사하게 된다.

이것은 폴리머라제(POL)[57] 형태의 단백질에 의해 만들어지고, 다 만들어진 유전 정보는 tRNA[58]에 의해 유전자의 전달을 윤활하게 해 준다.

이러한 전사조절인자는 곧 우리의 아들과 딸들이 되어 영원한 순환을 계속하게 된다.

중요한 것은 유전자는 바뀔 수 있는가?

아니다!

유전자는 절대 바뀔 수 없는 정보로 전사된다.

---

55) 리보자임 뉴클레어.

56) 메신저 RNA.

57) 중합효소.

58) 이동 RNA.

그렇다면 창의력이 전혀 없는 상태에서 생을 보낸 아버지에게서 왜 창의력이 출중한 천재가 나오는가?

답은 간단하다.

유전자가 변형되어 전사되는 것이 아니라 **유전자의 발현을 조장하는 전사조절인자 단백질이 바뀐다는 것**이다.

따라서 환경이 유전자보다 더 중요하다. 확실한 정보이고 정확하게 밝혀진 정보이다. 우리 주변에 놓여 있는 환경은 우리의 유전자 발현을 촉진하거나 발현하는 데 절대적 역할을 한다.

이것이 유전정보의 아데닌, 구아닌, 시토신에서 붙은 벤젠구조의 메칠기가 추가되느냐 아니냐 하는 문제이기도 하다.

이러한 발현은 전적으로 환경에서 나온다. 모든 것은 유전이 아닌 **환경에 의해 바뀌는 것**이다. 따라서 창의성도 환경에 의해 조절될 수 있다.

기분의 화학작용

기분에 있어 중요한 물질은 세로토닌[59]이다. 우리는 기분을 타고 생활을 영위한다. 기분 안에서 삶에 의미를 찾을 수 있다. 그렇기에 기분의 변화와 그 과정은 매우 중요한 것이 된다.

항상 세로토닌과 관계된 모든 일들과 상호작용들은 아세틸콜린과 연계되어 있다. 아세틸이란 정확한 개념이다. 세로토닌은 감성적이고 아세틸은 그 개념 자체가 이성적인 흐름이라 보면 대략 맞을 것이다. 그 때문에 서로 감정과 이성적 사유의 기조를 주고받는 것일지도 모른다.

요즘은 기분의 난조로 인해 병원을 찾는 경우가 늘어나고 있다. 중증을 제외한 거의 대다수가 이 세로토닌이라고 보아도 과언이 아니다.

우리는 아무 이유 없이 기분이 울렁거릴 때를 느낄 수가 있었을 것이다. 당시에 아무런 외부 자극이 없음에도 불구하고 말이다. 이것은 십중팔구 세로토닌의 작용이다. 세로토닌이란 물질은 방출됨과 동시에 흡수되기도 한다.

여기에 관해서 아미노산과 같이 알아볼 필요가 있다. 우리의 두뇌에는 흥분성 글루타메이트가 존재한다. 이것 또한 중요한 존재인지를 알고 있으나 우리는 그것이 그것인 줄 모르고 있었던 것과 같다. 이것은 아민기나 메틸기가 어디에 붙어 있나 하는 개념 때문이다.

메틸기는 특히 더 중요하다. 이러한 메틸기의 작용으로 우리의 전사

---

59) 5HT.

조절인자의 환경이 트랜스된다는 점이 중요한 것이다.

또한, 세린[60]이라는 아미노산이다. 시스테인,[61] 메치오닌, 리신 등과 같은 아미노산도 물론 중요하다. 이러한 아미노산들은 서로 간의 생성을 돕는다. 우리가 하나의 생각을 다른 생각으로 불러올 때처럼 말이다.

그 때문에 생명이란 오묘하게 연결되어진 분자의 사슬이다. 하나의 생각은 여러 개의 단백질을 필요로 하고 이러한 생각에 쓰이는 단백질은 아미노산의 분자구조가 모여서 이루어진다.

그래서 엄밀한 의미에서 아미노산의 구조화가 곧 생각이다. 나아가 이러한 구조에서 모여진 메커니즘이 세포질 외의 많은 칼슘을 받아들일 준비를 하고 있는 것이다.

그중에서 앞에 언급한 글루타메이트는 굉장히 긴요한 물질이다. 글루타메이트[62]는 생각에 관여하는 관여도가 70% 비중이라고 보면 된다.

흥분성 물질

하지만 가바의 억제성 물질도 그만큼 중요하다. 흥분된 기전이 진정 안 되면 정신분열을 불러오기 때문이다.

시냅스 전 물질에서 글루타메이트가 방출되면 곧장 우리 몸이 가바를 내보낼 준비를 한다. 과도하게 흥분된 기전을 누르기 위해서다.

---

60) 아미노산 SER.
61) SIS.
62) GLU.

이러한 메커니즘의 핵심에 아미노산이 있다. 이 아미노산의 역할은 나아가 이러한 모든 생명의 운율을 조정하도록 단백질과 그에 따르는 생각을 만드는 것이다.

텔로미어의 생명

진나라 때 진시황이 생명 연장의 꿈을 가지고 있었다. 자신의 몸이 영생하기를 원했던 것이다. 당대의 귀한 약재들을 모조리 모으고 하나하나에 의미를 두고 오랜 기간을 복용한 것으로 전해진다.

하지만 이것은 본질과 거리가 멀었다. 결국 생명도 세포 관점으로 보아야 한다는 것을 말이다.

여기서 큰 화두가 던져진다. 생명이 왜 세포에 있을까?

물론 세포가 모여 몸 전체를 이루는 것은 사실이지만 근본적 삶에 기준이 세포 분자 레벨에 있다면 좀 허무해지는 것도 사실이다.

다시 말하지만 생명은 분명 세포에 있다. 엄밀하게 말하자면 세포 안에 있는 핵 속 46개 유전자 DNA의 끄트머리에 말이다.

이것을 과학자들은 **염색체 끝에 감겨진 단백질**이라고 부르기 시작했다.

우리 몸에는 각 23쌍 총 46개의 유전자 정보가 있다. 그것을 우리는 DNA라고 부른다. 이러한 DAN는 모두 실타식의 실뭉치 모양으로 되어 있다. 정확하게 실 모양이 X 자형으로 뭉쳐진 것이다. 이 X 자의 끝 4부분이 텔로미어를 형성한다.[63]

63) Abul K. Abbas·Andrew H. Lichtman·Shiv Pillai 저, 세포분자면역학 교재연구회 역, 『세포분자면역학』, 범문에듀케이션, 2016.

바로 여기에 인간의 삶과 죽음, 희노애락과 그 모든 인간의 삶을 시작하여 마감하는 애환이 담겨 있는 것이다.

쉽게 풀어 이야기하자면 이 텔로미어라는 부분이 다 쓰고 풀어지고 나면 세포가 죽게 되는데 이것은 우리가 이야기하는 사망이라 부르는 그늘이다. 즉, X 자의 끝 4부분이 조금 짧아지는 것이다. 이것이 인간의 생체학적 생명의 기운이다.

그렇다면 이것이 왜 짧아지고 풀어지는가? 학설에 따르면 세포핵분열을 한 번씩 할 때마다 이 부분이 조금이 소멸된다고 한다. 따라서 세포분열을 멈출 수는 없는 것이고 계속 분열을 해 주어야 우리가 살 수 있는데 피할 수 없는 길이의 끝이 우리의 운명이라고 해도 과언이 아니다.

이 텔로미어의 부분의 길이는 사람마다 다 다르게 타고난다. 어떤 사람은 굉장히 길 것이고, 어떤 사람은 비교적 짧을 것이다. 따라서 유교에서 이야기하는 운명의 시간이라는 것은 어떤 측면에서 맞는 것이라고 보겠다.

그런데 문제는 이 텔로미어의 길이를 길게 타고 태어났다고 하지만 급속히 빨리 닳아 없어지는 경우다.

바로 Stress[64]다. 일상적으로 쓰이는 이 용어는 엄밀하게 과학적인 용어이고 모든 측면에서 빠지는 경우 없이 생체 기전에 반드시 들어가는 용어이다.

그럼 스트레스는 정확하게 어떠한 것인가? 일반적으로 우리는 괴로움을 느끼는 것을 스트레스라고 이야기한다. 그런데 세포에게는 이러

64) Stress 과학용어.

한 코르티졸이 내뿜는 스트레스보다 훨씬 더한 스트레스가 있다. 그것이 바로 자외선이다. 이 자외선은 세포의 조직을 뚫고 지나가 버린다. 그렇기 때문에 물리적으로 세포에 굉장히 악영향을 준다. 세포는 이러한 자극을 감당해 낼 재간이 없이 무너진다.

이것은 염색체의 마지막 모습, 즉 텔로미어의 마지막 가닥인 것이다.

분자와 삶

세포 분자 레벨의 삶과 구조를 규명하는 것은 창의성에 의미 있는 일이라고 앞서 밝힌 바 있다. 그 때문에 세포의 메커니즘이 곧 뇌의 메커니즘이라는 것을 증명하는 또 하나의 단락이다.

이번에는 전자라는 것이 우리의 세포에, 나아가 뇌의 생각과 창의력에 어떠한 개념을 갖는지 살펴보겠다.

먼저 미토콘드리아 이중막에 박혀진 세 가지의 빛 수용체와 마지막의 터빈엔진 ATP합성효소가 이 전자 하나를 이동하기 위한 귀중한 촉매제이다.

피루브 산[65)]

그 이름도 찬란한 피루베이트이다.

여러 가지 변이 효소들을 거쳐서 만들어진 이 피루브를 미토콘드리아는 받아들인다.

여기에서 생명의 흐름이 탄생한다. 어떠한 흐름인가를 설명하자면 구연산 회로, 바로 TCA싸이클이 이것이다.

---

65) pyrubate.

피루베이트의 에너지 당은 엔자임A[66]라는 물질로 바뀐다. 사실 우리가 먹는 모든 음식은 지방을 먹든 탄수화물을 먹든, 섬유질을 먹든 엔자임A으로 변환된다. 예외 없이 말이다. 채식을 하는 사람들도 규칙적인 식사를 하게 되면 지방이 오를 수 있는 이유이기도 하다.

이 엔자임은 TCA사이클을 타고 돈다. 이렇게 만들어진 첫 번째 회로의 결과물이 바로 구연산이라는 것이다. **시트레이트(Citrate, 구연산)**는 예전에 약품으로 많이들 찾았다. 이것은 아이소 시트레이트로 바뀌고 이것이 다시 알파 케토 글루타 메이트로 바뀐다.

알파 케토 글루탐산[67]

이것은 중요한 의미를 지닌다. 또한 이것은 중요한 것들에서 차지하는 요소 등에 관한 이야기가 된다.

이 알파케토 글루타 메이트는 나아가 숙시네이트[68]가 되고 다시 이것은 푸말산,[69] 말산[70]을 거치면서 우리에게 필요한 분자들을 만들어 낸다.

언제든지 이러한 사이클의 이유는 전자의 이동이라는 것이 가장 중요한 대목이다. 왜냐하면 전자는 아무런 작용이 없이 그냥 두면 이동하는 데에 꼬박 하루가 걸리기 때문이다.

---

66) acetyl co-a.
67) a-keto glu.
68) succinate.
69) Fumalate.
70) malate.

이것을 제외하면 생명작용이라고 할 수 없다. 따라서 이러한 모든 단백질의 협연이 이 느린 전자의 생명과 이동을 위해 그토록 많이 협력하여 꾸준히 이동시키고 있는 것이다.

이 **일렉트론**은 우주의 근원이자 최초 생성물질이라는 것을 주목할 필요가 있다. 우리의 모든 분자의 결합을 이 전자가 붙들고 있음을 잊지 말자. 또한 이것이 생각인 전자인 것도 말이다.

시대의 분류와 생명
그리고 두뇌

우리는 현 시대에 살고 있다. 지구 초기로 돌아가보면, 무수한 생명의 과정들을 거치고 난 후 그것에서부터 얻은 그 무엇이 있었다.

바로 **호흡**이라는 것이다. 간단한 일상용어처럼 되어 버린 이 두 글자…. 이것은 우리 모두의 축제이자 마지막 진혼곡일 수도 있는 무겁고 의미 있는 단어이다.

시대를 거슬러 올라가서 미토콘드리아의 호흡이 있기 전에 우리 지구는 산소를 내뿜는 **지구 초기 산소공장 생물**이 있었다. 아직 호주에서 살아 숨 쉬고 있는 그 생명의 시작. 바로 호흡의 시작의 주인공이다. 이것은 산소의 출현을 야기시키는 한편 또 다른 생명의 시작을 알렸다. 바로 CO_2[71]의 출현이다.

우리 지구라는 행성이 이웃별인 금성과 완전히 다른 운명을 가졌던 것도 이산화탄소 때문이라고 보아도 과언이 아니다. 왜냐하면 온도의 아주 작은 차이가 하나는 지상 낙원으로, 하나는 지옥으로 되는 시발점이었기 때문이다.

사실 이산화탄소의 대기 중 농도는 거의 희박하다. 아니 사실 없다고 보아도 무방하다. 0.03%! 흔히 300ppm으로 이야기한다.

그럼 이 작은 희박한 분자가 왜 산소만큼, 아니 어쩌면 더 중요한 분

---

71) CO_2.

자 구조가 되었는지 알 필요가 있다. 온도의 차이이다. 이 극미한 소량의 차원이라도 대기 온난화의 주범이기 때문이다. 우리의 지구 온도가 이런 상온을 유지하는 것도 전적으로 이산화탄소의 영향이다.

태초부터 이웃별인 금성은 이러한 이산화탄소를 간발의 차로 붙잡아 두지 못했던 것에서 지옥의 길로 갈 수밖에 없었던 것이다.

이러한 이산화탄소의 기록과 **산소동위원소** 18번과 16번의 차이로 인해 대륙을 구분 짓는 기준이 생기고 시대의 구별이 가능해진 것이다.

그럼 따져 보자. 왜 인간의 생리구조와 나아가 두뇌의 흐름, 또한 창의력을 설명하는 데 이러한 분자 구조식의 레벨까지 필요한 것인가를 생각해 보아야 한다.

이유는 간단하다. 생명의 하나의 장이 열린 것이다. 이 CO_2, O_2 때문에 말이다.

그렇기에 우리는 인간의 여기까지의 흐름, 시대별의 특징을 살펴볼 필요가 있는 것이다.

우선 고생대를 가로지르는 5억 5천만 년 전 캄브리아기[72] 생명의 대폭발로 우리 의식을 옮겨 놓아야 한다. 그곳은 생명의 낙원이었다. 대기와 온도가 척박함을 지상낙원으로 바꾸어 놓았던 것이다. 지구상에서 아주 중요한 요소였고 한 시기였다. 생명의 다양성을 낳았던 그때 벌써 두뇌의 흐름이 시작되었다고 보아야 할 것이다.

오르도비스기를 지나 실루리아 시대도 우리가 주목해 볼 필요가 있다. 이러한 시대는 동물의 진화의 시기였다. 서로가 경쟁하듯 대기 환경을 놓고 마음껏 활동하는 시기를 지나는 것이다. 이러한 시기에서

72) combrian.

갑주어류가 무악어류로 갈래를 트는 하나의 시발점이 된다.

우리는 정확하게 물고기에서 시작하였다. 진화론에 따르면 말이다. 왜냐하면 아가미 궁이 현재 우리의 두개골 속에 남아 있기에 이러한 연구 결과에 대한 앞선 다윈의 예측이 정확하게 맞아떨어지는 것이다. 그 후에 모든 가능성에 대한 예측이 과학적으로 모두 맞게 될 때 우리는 진화론에 대한 신임을 가속화할 수 있을 듯하다.

다음 시대인 지역 이름을 따온 데본기,[73] 석탄기[74] 이 시기는 미시시기와 펜실베니아기로 나뉜다. 마지막 고생대의 말 그 유명한 대멸종을 낳은 시대다. 페름기, 그리고 페름기 P/T대멸종[75]을 우리는 눈여겨보아야 한다.

따라서 많은 시대를 이해하는 것이 그 시대에 속한 생명을 아는 것이라고 할 수 있다.

후에 있을 중생대를 마감하는, 즉 공룡의 시대가 마감하는 그 당시에 왜 우리 선조인 포유류는 살아남았을까? 우리 선조 즉, 포유류는 땅 밑에 있었기에 그러하다. 공룡류의 용반류, 조반류가 번성하고 용각류의 몸집이 30미터나 커질 때 우리의 선조격인 포유류는 찍찍거리며 땅속에서 눈치만 보고 살았다는 증거가 있다. 따라서 낮에는 지구의 주인인 몸집이 큰 공룡을 피해 땅속에 은둔해 있다가 주인들이 다 잠든 밤 시간에만 찍찍대며 나올 수가 있었다.

이유는 간단하다. 보잘것없었기 때문이다. 지금의 쥐가 우리 포유류의 조상이다. 그것이 중생대를 마감하는 KT대멸종까지 이어졌다.

---

73) debonian.

74) creta.

75) 페름기 트라이아스 대멸종.

이러한 보완 설명 중에 앞서 언급한 산소 동위원소의 비와 이산화탄소의 대기 중 농도 역시 이 사실을 뒷받침해 줄 만한 부연 설명일 것이다.

따지고 보면 중생대 당시 이산화탄소의 양은 2,000ppm(참고로 현 시대 350ppm)이며 푸른 잎사귀들이 이산화탄소의 영향으로 노란빛을 띠며 굉장히 커진다. 따라서 이러한 부풀려진 잎들을 용각류(브라키오사우루스)가 먹어 치우는 과정에서 간니가 발달하게 된다. 이것을 소화시키는 과정이 엄청났기 때문에 돌과 함께 삼켜 으깨는 작업을 시도한 것이다. 현 시대 닭에서 보이는 모래주머니가 이에 대한 정확한 증거이자 답변일 것이다.

이러한 설명은 이산화탄소가 곧 대기의 온도를 결정하여 주며, 나아가 당시 지구상의 모든 생명의 상황을 좌지우지한다는 것이고, 이런 상황이 조금 더 지속되었으면 우리 영장류라는 종은 현재 존재하지 않았을지도 모른다는 뜻을 내포한다.

그 때문에 생명의 멸종과 또 다른 종의 번성은 비밀은 바로 이산화탄소에 있다! CO_2가 우리의 몸 구성을 진화시키고 만들어 주었으며, 우리의 머리에 번뜩임을 만들어 주었다.

이것부터는 다음 챕터의 두뇌 메커니즘에서 설명을 이어 가겠다.

두뇌 메커니즘

뇌는 우리 생각의 근원지이다. 우리 머리 안에 있는 신경세포의 핵에서는 이 칼슘 하나를 막고 또한 받아들이기 위해 수백의 단백질 대군을 동원한다.

일단 두뇌 기억의 양은 스파인[76]의 암파[77]라는 채널이 얼마만큼 많이 박히느냐가 좌우한다. 왜냐하면 이 채널은 칼슘이 오가는 통로이기 때문이다. 칼슘 2과가 이 채널을 통과하면 그 후엔 수십 가지의 단백질이 흥분할 준비를 한다.

그 첫째 단백질, 바로 AC[78]가 동작한다. 이 동작은 ATP를 AMP로 바꾸어 놓는 작업이다. 정확하게 Cyclic AMP(cAMP)[79]다.

아데노신 3 인산기는 우리 몸에 에너지원이다. 어김없이 우리 기억에도 단백질은 이 에너지원을 건드린다! ATP가 사이클릭 아데노신 모노포스로 바뀌면 즉시 중요한 단백질이 와서 이러한 작업을 거든다.

이것은 최종적으로 암파 채널을 촉진시킨다. 그 전에 PK-A(프로틴 키나제 A)라는 단백질이 이 과정을 돕는다.

프로틴 키나제는 A와 C가 대표적인데, 또 다른 C 단백질은 유명한 단백질을 촉진시킨다! PY3-K,[80] 즉 프로틴 트리오신(아미노산) 3 키나제

---

76) spine
77) AMPA.
78) AC.
79) 사이클릭.
80) 포스트 티로신 키나제 3.

이다! 이것은 암파 채널을 저지시킨다.

중요한 것은 프로틴 키나제 C가 촉진시키는 PP2-B[81)]라는 단백질이다. 포스파티딜 프로틴 2-B 기억에서 굉장히 중요한 부분을 차지하는 것으로, 이것은 바로 칼슘 칼모듈린 키나제[82)]를 다시 유발하기 때문이다.

한 가지 더 중요한 물질, **PI3-K(프로 이노시톨 3 키나제틴)!** 노벨상의 주역 단백질이다. 프로틴 이노시톨 3 키나제는 기억의 단백질에서 열쇠를 쥐고 있을 만큼 중요한 물질이기도 하다. 이러한 기억의 모듈을 캔델[83)]은 밝혀 내었다.

이것이 다 무엇이란 말인가? 즉, 단 하나의 물질! 칼슘을 컨트롤하는 물질들이다. 그 때문에 앞에서 이야기한 칼슘이 곧 기억이라는 논리가 성립되었다.

그 외에 하나의 큰 줄기가 있다. 쥐의 육종, 즉 암세포가 기억 메커니즘에서도 쓰인다는 것이다. 그것이 바로 라프(Raf)라는 물질이다. 어쩌면 이러한 것들을 살펴볼 때 우리의 변종세포의 유발물질조차도 올바르게 쓰이기만 한다면 좋은 역할을 할 가능성이 있으므로 모든 것을 이율배반으로 보아서도 안 되는 것이다.

결국 이러한 사코마[84)]의 암 세포가 mek-1/2[85)]를 촉진시키며 마지막으로 스파인의 형태를 기억에 아주 좋은 형태로 바꾸어 준다는 것이 우리가 말하는 기억의 본질이다.

여기서 최종 단백질은 ERK 1/2이다! 엑스트라 시그널 셀룰러 레귤

---

81) 포스트 프로틴.
82) 인산기 붙이는 작업.
83) 『기억을 찾아서』의 저자.
84) SACOMA.
85) 미토켄 엑티베이팅.

레이트 키나제 1/2,[86] 말 그대로 세포 외핵에서 오는 시그널을 제어하는 단백질이라는 뜻이다. 결국 생각이란 마지막에는 외부에서 오는 물질을 제어하는 것이다.

이러한 모든 기억의 메커니즘이 곧 두뇌의 메커니즘이고 이러한 단백질의 작용이 창의력의 작용이라는 것이다.

86) MAPP.

각성과 수면

인간에게 **수면**은 절대적인 요소이다. 만약 인간에게 수면이 없었다면 두뇌를 수레에 싣고 다녀야 한다고 한 과학자가 말했다. 그만큼 수면에서 얻는 두뇌의 버림과 회복은 절대적이라고 할 만하다.

이번 챕터는 수면과 창의력의 관계를 알아보려 한다. 우리 인간은 수면을 통해 머리에 필요한 ATP 에너지원과 신경전달물질을 보충한다. 그 때문에 공부하는 학생이 잠을 줄이게 되면 기억력의 학습효과에 가장 큰 치명타를 얻게 된다.

일단 기억력과 창의력에 앞서 먼저 수면에 대해 알아보겠다.

잠! 우리는 잠잘 동안 꿈을 꾼다. 아주 생생한 꿈부터 해서 금방 잊어버리는 꿈까지 여러 단계의 꿈이 있다. 그러면 어떻게 해서 꿈은 발현되는가? 일단 먼저 우리는 꿈을 무의식 중에 나오는 잠재의식 중 하나라고 흔히들 알고 있다.

정확하게 꿈은 의식이다! 그것도 생생한 의식이다. 왜냐하면 꿈의 80%가 발현되는 REM 수면에 나오는 뇌파가 각성 때와 똑같은 알파파가 나오기 때문이다. 이것은 수면의 단계를 나타내는데 보통 알파파는 12㎐ 이내의 뇌파를 뜻한다. 왜 깊은 잠의 끝은 의식적으로 생생한 현실 같은지를 보여 주는 대목이라 할 수 있다.

이것은 90분의 주기로 돌아간다. 따라서 하루에 REM 시간이 5회 정도 하루의 적정 수면이 7시간 반 정도가 되는 것이다.

일단 꿈을 단계를 살펴보자.

첫 번째 단계: 10분

두 번째 단계: 20분

세 번째 단계: 40분

네 번째 단계: 50분

REM 수면 단계:[87] 50분 이후

이러한 단계를 거치면 급속한 안구운동과 함께 빠른 두뇌회전이 일어난다. 그러나 여기 깨어 있을 각성 상태와 다른 점은 전두엽이 차이다. 각성에는 전두엽에서 활발한 뇌파의 색과 전도율을 보이나 꿈속에서는 거의 활동하지 않는다.

바로 꿈의 비밀은 여기에 있다. 우리가 꿈을 꾸다 보면 이상한 일들이 많이 벌어진다. 그 일들은 흔히 일상에서 벌어지지 않는 일들이다. 우리가 날 수 있다고 생각하면 날 수 있다. 또한 현실에서 볼 수 없는 것을 보고 싶다 생각하면 볼 수 있다. 이러한 현상들은 판단기능이 정지해서 되는 것인데 바로 판단 추론과정을 전두엽[88]에서 하기 때문이다.

그러면 판단할 수도 없는데 어떻게 보이는 것일까? 이것은 우리 뇌의 시각피질에서 예전에 기억된 정보를 현재 꿈꾸는 상태로 불러오기 때문에 그렇다. 이러한 기억은 시각적 감각이 정지해 있다고 해서 떠올릴 수 없는 것이 아니라, 더욱 생생한 이미지를 기억에서 연출할 수 있기에 생생한 시각 정보가 발생하는 것이다.

그렇다면 생각해 보자. 우리가 감각판 모든 수입로를 차단하면 더욱 기억이 생생하다는 것인데, 이것은 전적으로 맞는 이야기이다. **우리는**

87) 레피드 아이 무브.

88) PFC.

환영을 만들어 내기 때문이다. 그 때문에 오랫동안 시신경이 마비되면 귀로 극도로 예민해져서 청신경이 모든 상황판단을 담당하게 되는 원리이다.

이러한 부분은 창의적인 생각을 떠올리기에 안성맞춤이다. 바로 이 대목을 주목할 필요가 있다. 예로부터의 천재성을 띤 많은 학자들이 풀리지 않은 문제를 꿈을 통해 해결한 사례가 굉장히 많다.

예를 들어 우리가 예지몽이라고 부르는 초월적 현상도 이러한 예를 들자면 인간이라는 감각예측과 바람이 꿈이라는 의식을 통해 먼저 시각정보로 나타나는 것이기에, 어쩌면 모든 감각에 예민한 인간이라는 종의 당연한 결과일지도 모른다.

꿈은 깊은 사고의 산물이다! 그리고 90분 주기마다 뇌는 휴식에 들어간다. 환상적인 꿈의 내용은 우리 뇌가 쉬면서 보여주는 파노라마다.

우리가 현실에서 이상한 일을 당하면 당연히 이상하다는 생각을 하게 된다. 하지만 꿈의 파노라마는 아무리 비현실적이라도 이상하다는 생각을 할 수 없다. 완전히 전전두엽,[89] 안와 전전두엽[90]은 휴식하고 있기에 말이다.

천재적이고 창의력인 사고는 이러한 이성적 판단을 피해야 떠오를 때가 많다. 왜냐하면 극단적인 원리의 산물이 **창의적인 사고**이기에 그러하다.

---

89) DL PFC.

90) V PFC.

수면과 뇌 작용 시대의 역사

다시 한번 더 시대를 거슬러 올라가 보자. 우리 선조의 기원으로부터 그 유래를 찾는 것은 매우 중요한 요소이기 때문이다.

캄브리아기의 기원! 5억 년 전 우리의 선조. 그 출발이 바로 무악어류이다. 바로 요즘도 볼 수 있는 칠성장어이다. 턱없는 물고기. 찬란한 그 문명의 시작으로 여기고 있다. 이러한 분류는 생명이 가지는 뼈의 분류로 시작한다.

데본기에서 이러한 종류들이 나누어진다. 즉, 연골어류[91]상어에서 경골어류[92] 딱딱한 뼈가 있는 물고기로 오기까지는 약 5,000만 년이 걸린다.

연골류는 직접 적혈구를 만들어 낼 수 없는 구조여서 구조상 지라에서 혈소판을 만들어 내는 것에서부터 경골의 출현이 예상된다.

그러면 그 후 어떤 계통을 가지는가? 이제부터는 턱뼈의 기원으로 갈라지게 된다. 턱에 구멍이 몇 개인가가 중점적 진화의 척도가 되었다.

또한 절추목이라고 지느러미가 발달하여 동물의 다리가 되는 사지가 등장하게 되는 중요한 시발점이 등장한다. 바로 양서류의 출현이다. 우리가 보는 개구리, 그것은 생명의 혁명적 진화였다. 석탄기의 시작은

---

91) 물렁한 뼈.

92) 딱딱한 뼈.

양서류의 시작이다. 그 후에 쥐라기를 거쳐 K/T대멸종[93]을 견디어 낸 위대한 생물군이다.

우린 여기서 위대한 자연의 섭리를 본다. 바로 개구리에서부터 **REM 수면**의 기틀을 본 것이다. 우리가 이야기하는 의식이라는 것은 양서류부터이다. 굉장히 미약하긴 하지만 말이다. 개구리는 아쉽게 양막류가 아니니다.

그 이후 반룡류에서 수궁류에 이르는 각종 동물군들이 바로 수궁류가 우리 포유류의 진정한 계통적 선조가 되는 것이다. 그중에서 거북목, 악어목, 파충류의 이궁류(턱에 구멍이 2개)들은 새로운 갈래로 접어들어 중생대에 그 유명한 공룡을 형성하였다.

우리가 주목해야 할 점은 바로 우리 인간과 공룡의 분류라는 것이다. 우리의 머리는 만약 공룡에서 분류가 되어 진화되었으면 이러한 똑똑함을 절대 가지지 못했다. 그저 큰 턱과 입으로 고기를 뜯는 짐승에 불과했을 것이다. 그 반증으로 몸짓이 30미터나 되는 브라키오사우루스[94]의 두뇌, 스테고사우루스의 뇌 크기가, 고작 나가봐야 80킬로그램 나가는 인간의 두뇌 1.5kg보다 3배 작은 것을 들 수 있다. 이 얼마나 놀라운가. 이것은 몸짓과 두뇌는 절대 비례하는 것이 아니라는 것을 전적으로 보여주는 예이기도 하다. 이궁류의 갈래에서 우리는 단궁류의 갈래로 빠져나온 것이다! 먼 훗날 우리 선조 오스트랄로가 나올 수 있는 결정적 갈림길이었다.

우리의 머리에서 기억이 나온다. 물론 동물도 기억이라는 개념이 있다. 하지만 그들은 생존을 위한 처절함만 기억으로 간직한다. 우리의

93) 중생대 시대의 공룡군.
94) 용반목.

문화적 사실은 절대 그들의 기억이 될 수 없을 뿐 아니라. 그 동물들이 가질 수조차 없는 메커니즘이다. 따라서 우리는 이러한 시대적 변화를 이해하여야만 한다. 이해하는 데 그치지 않고 그들의 생각이라는 것으로 들어가 봐야한다.

이러한 시대적 구분에는 1830년대 영국의 두 명의 지질학자가 있었다. 바로 북웨일즈 세즈윅과, 남웨일즈 머치슨[95]이 그 지방의 이상한 토층 즉, 필석[96]이라는 것을 발견하고 그 지역 부족 이름을 딴 오르도비스라고 명명하면서부터 시작하였다.

이것의 유래는 이러하다. 캄브리안이라는 이름은 영국의 웨일즈 지명을 로마어로 표기하였을 때 캄브리시안이 되고 오르도비스, 실루리아는 이 지역의 부족이름이라고 명명된다. 그리하여 그 필석의 아랫부분이 캄브리아라고 지역명을 붙인 것이다.

이러한 시대적 명명은 그들의 몫이었다. 이것은 나름대로 의미 있는 해석을 가져올 수 있다. 따라서 세즈윅, 머치슨은 지질학의 아버지가 되었고, 러시아도 이들을 초청하여 자기네들 지질을 조사할 것을 종용한다. 따라서 데본이란 단어는 독일의 더 본스 지방 이름을 따서 명명되었고, 페름기라는 이름도 러시아의 퍼미안 이름을 따서 명명되었다.

이런 모든 시대적 배경의 경계 의미는 인간만이 누릴 수 있다. 이것의 중대한 기준은 무엇인가! 뇌 작용이다. 우리가 보고 듣는 모든 입력기관은 우리 앞선 선조들보다 분명이 뒤처져 있다. 하지만 메인 프로세스는 그 선조들과 비교도 할 수 없을 정도로 앞서 있다.

이러한 기준은 무엇인가? 바로 **수면**이다!

---

95) 지질학자.
96) 돌의 일종.

생각과 시대

우리의 생각에는 어떠한 기원들이 있을까? 시대적 기원이 있다.

앞에서 살펴본바 우리의 의식구조는 개념을 낳고 이러한 개념은 서로 간의 구획을 경계 짓는다. 이러한 시대적 개념을 반드시 좇아 올라가야 하는 분류가 바로 종의 기원을 되짚어 보는 것이다. 단지 종류만을 놓고 분류하고자 하는 것이 아니다. 당시의 시대적 배경이 우리를 이렇게 만들어 놓았고, 나아가 머리 안에 있는 메커니즘을 만들어 놓았기 때문이다.

먼저 우리는 포유류다. 포유류는 수유를 하는 동물이다. 왜 포유류가 지구상의 최강자가 될 수밖에 없었는지를 따지고 보자면 그 기원은 바로 수유일 것이다. 수유를 하면 높은 대사를 요구하기에 몸속에 있는 체온을 유지할 수 있는 항온성[97]이 따라온다. 이러한 메커니즘은 몸에 깃털이나 땀샘을 자연적으로 만들게 되었고, 이러한 신체변화는 항상성을 만들어 꾸준히 뛰거나 달릴 수 있는 메커니즘을 만들게 된다.

그렇다! 파충류는 체력의 문제, 즉 항상성으로 먹이를 직접 찾아다닐 수 없다. 그들은 그냥 똬리를 틀고 기다린다. 먹이가 지나갈 때까지 말이다.

그러나 우리 포유류는 항상 먹이를 찾아 움직인다. 높은 대사 덕분

97) 온도를 유지할 능력.

이다. 이것은 즉, 근육의 향상을 가져오고 나아가 위 수달의 예처럼 지 지속적인 운동이 가능해지게 했던 것이다.

이것은 또한 다른 방면으로의 발달을 가져오게 한다. 많은 근육을 움직이려면 그만큼 미토콘드리아에서 APT가 많이 생성하여야 한다. 그렇게 하려면 산소의 호흡량이 증가해야 하고 높은 혈압과 높은 투석을 확보해야 하기에 이중 순환계가 발달하게 된 것이다. 즉, 심장과 폐의 발달을 가져오게 됨으로 생리의 조절의 극대화를 가져온 것이다. 이렇듯 우리의 몸의 구조적 진화는 반드시 시대적 배경을 낳게 되어 있다.

이러한 모든 과정은 결론적으로 중추신경계[98]의 발달을 가져와서 모든 감각기능의 향상을 야기한다. 자연스러운 중추, 뇌 기능의 발달에서 드디어 육아[99]라는 개념이 돋았다. 세상 어느 동물도 보호 본능은 있을지언정 인간 같은 개념으로 육아를 하지 못한다. 이러한 육아라는 개념은 뇌의 중추기능과 절대적으로 비례하기 때문이다.

하지만 왜 세상을 지배하던 용각류들은 멸종이 되었나? 여기서 또한 갈래의 시대적 배경이 나온다.

판게아[100]

땅이 갈라져 있지 않았던 페름기 말에 거대한 땅덩어리는 말 그대로

---

98) CNS.
99) 포유류의 산물.
100) 세상의 대륙이 합쳐진 시대.

초대륙을 형성하고 있었다. 그 후 2천만 년 후인 2억 3천만 년부터 북미와 남미가 갈라지기 시작한 바로 마그마의 분출 시베리안이 발생되기 시작한다. 이것을 줄여 S.T.라고 부르는데 이때 마그마가 범람하면서 대량의 메탄이 공기 중으로 유출되는 현상이 바로 산소의 농도를 10%까지 떨어뜨리는 결과를 낳았다.

이러한 과정이 오면 생물 진화군의 메커니즘은 활발히 활동하게 되어 있다. 따라서 용각류와 조반류들은 기낭이라는 공기 주머니를 몸안에 발생시켰다. 즉, 산소 저장고를 몸에 만들었던 것이다. 이러한 신체 구조는 항상성에 용이하게 그 기낭을 뼈 속까지 침투시켜 버렸다. 이것이 오늘날 함기골[101]이라고 불리는 골의 산소 주머니이다.

후에 이산화탄소가 다시 회복되면서 산소 농도가 올라가게 되어 잉여산소가 발생하게 된다. 이런 시대 배경은 용각류의 몸짓을 30톤 이상 키워 주는 결과를 초래한다. 과잉 이산화탄소는 섬유질을 노랗게 만들면서 부피를 크게 키워 준다. 이것을 먹은 브라키오사우루스 등은 부피가 커진 섬유질을 채우려면 많은 양을 보충해야만 했다. 그래서 창자가 길어지고 몸집이 기하급수적으로 커지는 결과를 가져온다.

나중에는 이러한 긴 창자에서도 소화를 시키지 못해 돌을 함께 삼켜서 위 안에 있는 내용물을 으깨는 작업을 하게 된다. 그 증거가 지금도 남아 있다. 그것이 바로 모래주머니 위석이 되는 것이다.

하지만 그 큰 몸집을 가지고 너무 세상을 활보하고 다녔던 것이 K/T 대멸종 때 한 마리의 혈통도 남기지 못하고 완전히 박멸하게 되는 시발점이 되었던 것이다.

---

101) 모낭 주머니.

하지만 포유류 선조격인 키노돈트,[102] 아델로는 당시 공룡을 피해 땅 속으로 들어갔고, 공룡이 잠든 밤에만 찍찍거리며 조용히 돌아다녔던 것이다.

이러한 절묘한 관계와 시대의 변화. 바로 인간의 뇌 메커즘을 야기시킨 어쩌면 축복이었다.

102) 포유류의 조상.

뇌 구조화된 머리

본질, 진실은 무엇인가? 우리가 상상하고 있는 그 모든 것으로 이러한 본질이 설명될 수 있을까라는 의구심을 들게 한다.

왜냐하면 우리는 똑똑한 머리는 가지고 있지만 본질을 볼 수 없는 보호막으로 싸여 있기 때문이다. 따라서 그 어떠한 것이든 그냥 예측하면 틀리게 되어 있는 것이 우리 인간의 개념이다.

그 때문에 이 대기와 중력이라는 변수는 우주 전체를 놓고 보지 못하는 우리의 생각일 수밖에 없다. 그러한 생각의 이면은 우리가 다루어야 할 지식들을 너무 많이 내포하고 있다. 즉, 확정되어진 지식들의 많은 양을 공부해야 된다는 말이다. 이러한 지식을 공부한 이후 아직까지 밝혀지지 않은 본질을 끼워 맞추어 생각해 내어야 한다.

이러한 생각의 올바른 예측! 이것이 바로 **창의성**의 의미라고 본다.

예측하는 것? 참다운 의미를 다시 찾는 것? 그럴듯한 논리로 사고를 이끌어 가는 것? 이러한 모든 것이 창의력일 수 있지만, 진정한 창의력의 의미는 이미 있어 왔고 보아 왔지만 흔하지 않아 그냥 지나치던 생각과 우리가 보지 못했지만 알아야 되는 것을 산정하는 것이 진정한 창의력이라 할 것이다.

우리 머리를 더욱 구조화시켜야 한다.

그러려면 머리의 구조부터 알아야 하겠다. 우리의 머리 구조는 어떻게 되어 있나? 하나하나 밟아 올라가 보자!

우리는 감각기관(시, 청, 후, 촉)으로부터 시그널을 받는다. 이것을 흔히 부르는 Sensory 시그널[103]이다. 감각 입력이라고도 한다. 이렇게 감각에 입력된 신호들이 가장 먼저 도착하는 곳은 우리 뇌의 중계 핵 시상[104]이다. 이것은 여러 가지 부위로 나뉜다. 그리고 그에 할당된 영역들이 다 나뉘어 서로 간의 신호를 주고받는다.

예를 들면 손끝에서 올라가는 신호는 MD 영역으로 들어가서 감각피질까지 올라가는 경로를 택한다. 이러한 기능에 대한 지도화는 어디까지나 신호를 바탕으로 과분극, 탈분극이라는 문으로 치닫게 된다.

이 출입문을 담당하는 곳이 시상그물핵, TRN[105]이다. 이곳에서 말 그대로 문지기 역할을 한다. 우리 몸의 모든 시그널을 전부 중계소로 전달하진 않는다. 하나의 중계소에서 그런 알 수 없는 시그널을 모두 받다 보면 어떠한 것이 중요한 신호인지를 나중에 분간할 수 없기 때문이기도 하다. 그 때문에 우리 몸은 진정으로 창의적이라고 할 수 있는 것이다.

이렇게 선별되어진 하나의 강력한 신호는 연합영역계로 올라가게 된다. 프라이머리 센소리[106] 영역, 일차 감각 영역이다. 그 감각 영역에서 제어된 시그널은 다중 감각 영역에서 모아진다. 이렇게 모인 감각 신호는 측두엽 DML MTL로 보내 주어 예전기억과 맞물려 비교하게 한다.

이러한 일들은 우리가 진정으로 인간답게 해 주는 모든 일들에 대한 기초적 인지과정이라고 보아도 무방하다. 우리가 키우는 애완동물들 개나 고양이는 이러한 과정이 거의 없다. 본능적인 부분만을 제외하고 말이다.

---

103) 정보 신호.
104) 시상.
105) 시상 그물핵.
106) PS.

다시 시그널로 보자면, 이런 예전 기억과 비교된 정화기억을 바로 파페츠 회로[107]라고 부르는 것이다. 우리가 파페츠라고 부른 이 순환정화기억은 진정으로 소중한 요소이다. 이것이 바로 전두엽 판단기능을 돕기 때문이다.

전두엽, 이곳은 우리 몸의 왕이다. 우리의 사회적 이성을 가르쳐 주는 센터이다. 움직이는 동물들은 본능에 충실하기 쉽다. 하지만 전두엽은 우리가 쓰는 모든 본능에 대한 감독 역할을 해서 적절히 이성적으로 욕구 충족을 할 수 있게 도와준다. 이러한 감각 충족 기능의 최고위 판단 요소가 바로 전두엽인 것이다.

여기까지 풀었다면 이제 두뇌의 구조는 다 푼 셈이다. 이렇게 구조화된 것은 림빅(Limbic)[108]시스템과 동조하기 시작한다. 감정이 나는 것이다! 중요한 요소가 나왔다. 바로 감정[109]이다.

앞서 언급한 감각과, 감정이란 전혀 다른 것이다! 감정이란 전적으로 창의적 요소다. 이것은 감감을 입력하여 보내는 어떠한 것이 아니라 순수하게 우리 몸에서 만들어 내는 창작물인 것이다. 흔하게는 기쁨, 슬픔 등이 대표적일 수 있지만 이러한 감정의 흐름이 아닌 대뇌 피질과 맞물리는 중요한 요소 감정이 있다.

이것이 아세트콜린(Ach),[110] 세로토닌(5th)[111]을 분출하게 해 주는 기분! 바로 동기 부여인 것이다. 이것을 관장하는 부위인 마이네르트 기저핵(MRF)[112]이다.

---

107) 정서회로, 기억회로.
108) 감정 시스템.
109) DLAHTUS.
110) 운동 신경전달.
111) 감정 신경전달.
112) 아세트콜린 분비핵.

사실 마이네르트는 유명한 프로이트[113]의 스승 이름이다. 프로이트의 무의식 이론은 요즘 현대 뇌과학과는 상반된 경우가 많은데 이렇게 엄밀한 뇌 과학 용어의 명칭이 되었다는 것도 아이러니이다.

아무튼 이러한 모든 기능들은 구조화되어 있다. 체계적으로 구획되어 있다. 또한 하나하나를 담당하는 부위가 정해져 있는 관할제로 우리 두뇌는 구조화되었다.

그 이유는 무엇일까? 물론 복잡한 프로세스의 담당이라고 볼 수 있겠지만, 그것보다 더 중요한 이유에서이다. 바로 **창작에 용이한 구조**라는 것이다. 그 때문에 지난 수세기 동안 인류가 해 놓은 것은 가히 천재적이라 할 수 있을 것이다.

현재 우리는 손바닥 안에 컴퓨터 하나씩을 다 들고 다닌다. 그것도 몇 그램에 불과하다. 그리고 자주 그것을 쳐다본다. 보고 싶은 사람과 언제든 바로 화상통화를 하면 몇 초 안에 연결된다.

이것은 현실인가 가상인가?

---

113) 정신분석의 창시자.

감정의 구조화와 창의력

앞서 감정에 대해 간략하게 언급한 바 있다. 이 감정이라는 사안은 매우 민감하고 접근하기가 어렵다. 왜냐하면 이것은 정의가 아니라 느낌이기 때문이다. 우리가 느낌에 대해서 논한다는 것은 무리가 있을 수 있다. 느끼는 것을 알기에는 무척이나 쉽지만 표현하기에는 무척이나 어렵기 때문이다.

그 때문에 느끼는 모든 것을 언급하려 하지 않는다. 감정이라는 루트를 그래도 한 번 나열해 보자. 첫 번째 구조화로 감각이 입력되는 출발점은 느낌도 같다. 이렇게 출발한 감각점은 감각 시상에 도달한다. 또한 부차적으로 1차 감각 영역에 맺힌다. 이것은 다중연한 감각 영역으로 보내지고 기억과 마찬가지로 엔소 라이날 코텍스 피질,[114] 즉 파페츠 회로의 해마 수비칼럼[115]으로 닿는다.

이것은 전 감각과 비교되고 난 후 흐름은 달라진다. 전두엽으로 신호가 가는 것이 아니다. 바로 편도체로 향하는 것이다.

편도체[116]에는 내측과 외측으로 판이하게 달라진다. BASO M, BASO L(바소 M, 바소 L)이 그것이다. 감정이 기쁨과 슬픔이 대표적이듯 구조 또한 이렇다.

---

114) EC.

115) SUBI.

116) AMYGDALA.

또한 중간핵이 따로 있다. 그만큼 편도체는 제2의 뇌라고 할 만큼 주요한 역할이 있다.

중간핵에서는 감정, 행동, 자율신경, 내분비를 관장한다. 굉장히 중요한 요소이다. EMOTION,[117] BEHAIOR,[118] AUTONOMIC,[119] ENDOCRIME.[120] 이것은 인간생활의 전부라고 해도 과언이 아니다.

그럼 이런 감정과 창의력은 무슨 관계인가? 전적으로 감정에 도움을 받는 것이 생각이다. 우리가 감정을 받으면 기억이 단번에 되어 버린다. 그것이 바로 놀람이라고 하는 감정이다. 감정이 동반된 기억, 이것이 나쁜 방향으로 흘러갈 때 트라우마가 되는 것이다.[121]

이런 기억은 백발백중 해마에 세포에게 충격을 준다. 엔소라이날, 수비칼럼의 과립세포를 동결시키는 것이다. 그 때문에 각인된다. 절대 이런 기억은 지워질 수 없다. 각인되어 있기 때문이다. 우리의 동기부여 기억이 긍정적인 현상이면 계속해서 태울 필요가 있다. 그 때문에 학습을 할 때 감동을 받으며 할 수 있게 되면 따로 암기할 필요가 없어지는 것이다.

우리의 뇌는 평범한 것은 그냥 지나쳐 버린다. 익숙한 것도 마찬가지이다. 하지만 이상하거나 한 번도 본적이 없는 것이면 유달리도 주의를 집중시킨다. 그 이면에 숨은 위험이라는 단어 때문이다. 우리 몸은 스스로를 보호하고자 하는 메커니즘으로 통일되어 있다.

이러한 감정은 공포의 감정이 모든 감정의 주된 주인공이라는 것을

---

117) 감정.
118) 습관.
119) 자율신경.
120) 호르모닉.
121) 외상 후 스트레스.

반증하는 대목이다. 편도체라는 것 또한 이 공포[122]의 감정에 대체하기 위한 하나의 뇌로 따로 자리 잡고 있는 것이다.

이것은 또 하나의 감정이자 본능이다. 공포에 대한 메커니즘은 우리의 교감[123]과 부교감 신경을 마음껏 휘두른다.

엔도크라임, HPA 호르몬 시스템 모두가 이 공포반응에 대처하기 위해 만들어 낸 보호 메커니즘이다. 결국 우리의 몸은 위험 상황이 되면 놀라울 정도로 능력을 발휘한다.

이것은 깊은 사고의 끝에서 창의력을 도출하는 과정과 근본적으로 같다. 우리가 누군가에게 쫓기게 되면 사력을 다해 뛸 수 있고 이때는 마라톤 금메달 선수만큼 극한으로 폐활량과 근육의 알파세포 능력이 증가한다.

이것은 즉, 우리의 사고가 극한으로 치닫게 되면 이러한 신경독을 차단하려는 신호를 신경전달물질에서 보내기 때문에 그러하고 초염력 훈련과도 같은 것이라 하겠다.

베타 엔돌핀[124]의 상승과 유체이탈의 주객전도의 현상과 또한 신경독 글루타 메이트[125]의 가수분해로 인한 초현상은, 급기야 마약성 신경호르몬[126] 발생까지 이 모든 것은 기본적으로 우리 몸을 보호하기 위한 하나의 메커니즘으로 평상시에는 보이지 않다가, 그런 상황에만 극단적 분출을 시도하는 것이다.

이러한 것은 바꾸어 말해서 다른 차원으로의 생각 자체가 우리의

122) 감정의 가장 기본이 되는 분류.
123) 자율신경이 분류.
124) b-endol.
125) glu.
126) molph.

뇌 자체를 보호하기 위한 기전으로 기발함을 유발하는 것이 곧 **창의성의 근원**이라 본다.

조금 더 깊은 차원에서 창의력을 이해하기 위해서는 우리 몸 에너지 대사의 근원물질인 **당(글루코스)**을 개괄적으로 살펴볼 필요가 있다.

당과 생각

일단 당이란 무엇인가? 하나의 구조식이 이렇게 연결되어 있나 알고 있으면서 다시 물을 때가 있다. 이것은 자연의 오묘함을 알기 위해서이다.

항상 모든 것에든 지구상의 모든 일들을 법칙에 맞게 재편성한 것들에 대하여서 하나부터 열 가지 나열하기란 쉽지 않은 현상이지만 상당히 깊은 곳까지 밝혀진 상태이다.

우리가 뇌 작용의 결과 어떠한 에너지로 모든 생체 터빈을 돌리는가가 굉장히 중요한 역할을 차지한다. 항상 같은 것에서부터 여러 가지 일들이 있지만 한 가지를 알아야 한다면 바로 포도당이다. 왜냐하면 모든 터빈의 원료이기에 그러하다.

먼저 화학식을 알아야 한다. 이 화학식을 나열하는 것은 괜히 독자 머리를 아프게 하려는 의도가 아니다! 이것을 알아야만 본질을 볼 수 있기 때문이다.

C6- H12- 06

탄소 6개, 수소 12개, 산소 6개이다. 이 구조식을 우리는 그냥 흘려보냈던 것이다. 벤젠고리 형태로 있는 육각형의 고리는 우리의 생명인 포도당이다. 여기서 생명의 순환이란 인산을 붙이는 것이 전부이다.

이 인산기(P)가 우리의 ATP에너지 분자의 시발점인 것처럼 말이다.

6탄 당의 고리를 풀기 시작하면서부터 우리의 생명의 에너지는 시작한다.

첫 번째 단계인 아데노신 3개 인산기 중에서 한 개를 탈취하여 먼저 사용한다. 이것이 글루코스 식스 포스파이트[127]로 당의 6번 카본에 인산기가 붙었다고 하여 G6P라고 부른다. 이것은 알도스[128] 구조인데 케토스 구조[129]로 바꿔어 놓는것이 두 번째 사전작업이다. 즉, 과당 6인산기[130]다. 여기서는 이성질체 아이소머라제가 동작한다. 사전 준비작업을 위하여 말이다. 이러한 과당이 형성되면 플루토스 Bis 포스파이트 구조로 바뀐다. 양 인산기라는 뜻이다. 아래 위 인산기(PO3)가 전부 붙은 구조로 이때 4번째 단계를 위한 알돌라제 가위가 형성된다. 자르기 위해서 말이다.

이때 다섯 번째 구조를 위한 사전작업이 들어간다. C-C-C-C-C-C, 여섯 C가지의 탄소들 중간 가지를 잘라 두 동강이 내 버린다. 그리하여 붙여진 이름! 글리세라드 쓰리 포스파이트[131]이다!

생명은 스스로 변화한다. 적응하기 위해서 말이다. 이러한 과정 중에서 인산기가 밑 구조에 붙지 않고 질산(NO2)이 붙으면 트리 니트로 글리세라드 즉, 다이너마이트가 된다. 이 끔찍한 폭탄 물질도 당에서 유래되었다면 믿겠는가?

생명은 이런 극단적인 구조를 살짝 바꾸어 인산기(PO3) 세 개를 붙

---

127) G6P.
128) ADOLASE.
129) KETOCE.
130) F6P.
131) G3P.

인 것이다. 결국 이것은 엔올 타입의 PEP 구조에 도달하여 최종 물질에 도달한다. 그 생명의 사이클의 종착점…. 바로 피루브산[132]이다.

이 피루브 우리 에너지 즉, 미토콘드리아의 에너지원이다. 이렇게 만들어진 피루브산과 기억의 물결이 연결되고 이것이 곧 **창의력의 근원**이라 해도 과언이 아니다.

---

132) PYRUVATE.

기억의 물결

바로 위에서 설명한 당은 브레인에서 가장 중요한 에너지원이다. 우리 몸의 비율상 엄청나게 많은 에너지를 소비하는 것도 머리이다. 1.4kg밖에 되지 않는 뇌가 몸의 거의 40%의 에너지를 소비하고 있기 때문이다.

브레인 관점에서 보면 크게 두 가지로 구분된다. 하나는 기억이고 하나는 운동이다. 사실 이외의 중요한 것은 없다고 봐도 무방하다. 그래서 뇌는 최종적으로 운동을 만드는 기관이라고 하는 것이다.

생각이다, 판단이다, 예측이다 등등의 부수적 요소들은 영장류 이상의 고차원적 피질을 획득하고 난 후이며 기껏해야 500만 년도 안 된 피질의 진화 결과이다. 지구상 46억 년을 통틀어 브레인의 주된 활동은 위험에 대처하는 능력이 주된 기능이라는 것은 논박의 여지가 없다.

여기에서 기억이라는 것이 등장한다! 공부하기 위한 기억은 부수적인 기억이다! 우리는 지금 기억이라는 개념을 다르게 해석해야 한다. 이때 주된 기억은 마찬가지로 위험에 잘 대처하기 위한 수단으로 같은 위험요소를 동일하게 대처하기 위한 일종의 보험 형식으로 존재되었다.

이러한 공포 반응은 생물 메커니즘의 가장 기본 구조인데 여기서 감각 흥분이 존재한다. 사실 감각이라는 것 또한 감각을 느꼈을 때는 감각을 느낀 것이 아니라 반응을 느낀 것이기 때문에 그 반응은 뇌가 기억하고 있었던 것이다. **지각이 곧 기억이다.**

이 구조도를 다시 한 번 살펴보자. 첫 번째 단계로 센소리 인풋(감각 입력)이 들어온다. 이것은 탈라무스를 거쳐(시각이면 LGN) 곧장 편도체로 들어간다. 포유류 이후 가장 주된 핵심 심리공격수인 편도체가 바로 이것이다.

이것은 바로 내분비 호르몬을 관장하는 하이퍼 살라무스[133]로 향해, 뇌하수체 전엽[134]에서 내분비 호르몬(코르티졸)[135]을 내보낸다.

이것 외에 다른 방향이 있다. 즉, 생존에 관한 문제인 프리프론탈[136]로 보내는 기억의 상향이다. 곧장 전두엽으로 신호를 바꿔어 보낸다.

왜? 예측 판단하여 기억[137]하기 위한 길이다. 즉, 이 기억이 진정한 기억이다. 왜냐하면 우리 영장류도 동물이기 때문이다. 이것은 기억을 담당하는 관문인 해마로 연계되어 기억이 공고히 이루어진다!

중독의 하이웨이에서도 이것을 감지한다. 따라서 부수적으로 나쁜 쾌감을 계속 뇌후각내피질에서 받아들이다 보면 중독이란 것을 피할 길이 없어지는 것이다. 이것이 어쿰벤스[138]의 중독의 하이웨이 경로이다. 공부와 창의력의 중독도 바로 이곳에서 나온다. 따라서 조합되고 중독된 기억은 창의기억을 만들어 낸다.

여기에서는 마이네르트 기저핵, 즉 아세틸콜린의 주력자도 같이 호응하고 반응하여 조정되기 때문에 어떠한 만족감과 비교될 수 없는 고무감을 수여한다! 이러한 이유들은 스스로가 만들어 내는 동기부여하고 성격이 같다.

---

133) HT.
134) PITURTARY.
135) CORTISOL.
136) PFC.
137) 과학적 용어.
138) ACCUMBENC.

하지만 문제는 이런 스스로의 욕구가 부정적인 방향으로 향한다면 심각해지는 것이다. 대표적으로 알콜 중독이나, 니코틴 중독을 들 수 있다. 이러한 중독은 그나마 괜찮다. 악질 도박이나 마약 중독은 자신은 물론이고 집안의 모든 것을 송두리째 잃게 되는 지름길임은 우리는 누구보다 잘 알고 있다.

이 모든 것에 연결된 하나의 최종 루트! 바로 **감정의 기억**이다. 이것은 기억의 메인 루트에서 그대로 가지를 형성하는 그런 종류의 기억이다.

즉, 직접적인 상황에만 적용되는 것이라 하겠다. 때문에 정확한 시간으로 인지되는 것이 아니라 본능적으로 인지하게 되는 경험적 루트인 것이다.

이렇게 복잡하지만 정확한 루트의 메커니즘을 우리는 알아야 한다.

여기서 연결고리는 시상이다! 다음으로는 시상을 알아보자.

시상의 루트

작은 뇌를 우리는 소뇌라고 한다. 그러나 더 중요한 작은 뇌는 소뇌가 아니다. 바로 시상이다. 3㎝ 정도 되는 메추리알, 우리 머리 한중간, 깊숙한 곳에 자리 잡은 중계센터가 바로 시상이다.

시상의 중요성을 예를 들어 몇 가지만 설명하자면, 첫째가 바로 전두엽의 직접 방사하는 부분이 시상의 MD(미디알 도잘)[139] 영역인데 이렇게 내측에서 방사받는 전두엽 부분을 전전두엽으로 하였다.

작화증이란 이야기를 만들어 내는 뇌가 바로 왼쪽 프리 프론탈, 즉 인간의 논리를 만들어 내는 임시방편인 부분이다. 그때문에 작화증이라는 스스로 끊임없이 이야기를 만들어 내는 것이다.

그리고 시상침이라고 부르는 시상의 끄트머리는 시신경의 관장이며 여기에 LGN이 붙어 있다. 따라서 시신경 집중의 국소가 바로 P(시상침)이라고 보는 것이다. 앞에서 언급한 편도체도 그 앞에 커미슈어[140]가 있다. 이것이 바로 분계선조이다.

감각이 없는데 지각이 생길 수 있다. 이것이 바로 **환각**이다. 생각과 행동에 지속적으로 반응하는 표상을 기억이라고 하는데 환각은 지속적 반응이 아닌 것이다. 기억의 연합과정은 첫 번째 반복이고 재현인데 환각은 아니다.

---

139) 시상핵 중의 일부.
140) 교련.

또한 기억이 기억을 인출할 수 있는데 감각이 기억을 불러오는 과정이 바로 재인[141]이다. 그럼 기억이 기억을 불러오는 과정은 바로 회상[142]이라는 것이다. 따라서 가장 중요한 대목은 새로운 기억을 부화하는 과정은 옛 기억을 인출하는 과정인 것이 맞다.

바로 이러한 정의를 중계하는 곳이 시상인 것이다. 그러나 기억 회로 중에서 세타 OSSILATION[143]이라는 메커니즘이 있다. 이것은 중격핵[144]에서 기억을 나를 수 있는 배 이름이라고 볼 수 있다.

기억은 암묵기억[145]이 있고 서술기억[146]이 있다. 이때 암묵기억은 절차기억(습관-선조체)이고 점화기억이 있고 연합기억이 있다.

또 다른 서술기억은 사건기억과 의미기억이 있다. 기억의 80%가 사건기억인데, 이유는 사건기억이 바로 일화기억인 것이다. 의미기억은 사실과 개념의 관계로 구성된 범주화 공부 방식이다.

의미는 구별이다. 구별이라는 말 속에 사실이 있고, 개념이 있다. 기억이라는 과정은 사실 시상을 살짝 벗어나기도 한다. 하지만 인간 활동의 모든 것이 전두엽으로 가야 하기 때문에 무조건 전부 다 모조리 시상을 통과하게 되어 있다.

도파민 분출의 가장 큰 의미는 바로 새로움이다. 이런 인간 활동의 모든 구성적 출발이 바로 시상인 것이다.

---

141) RECOGNIZE.
142) REMEMBER.
143) OSSILATION.
144) 중독회로의 일부 핵.
145) 무의식 기억.
146) 의식 기억.

감각의 기억

감각이란 여러 종류가 있다. 시각, 청각, 촉각, 미각, 평형감각, 그리고 고유 감각이다. 기억은 어떠한 형태로든 이러한 것들을 받아들임으로써 시작한다. 이 감각의 요소가 전혀 없다면 기억은 있을 수가 없는 것이다.

그렇다면 감각들 중에 무엇이 가장 자극반응점이 강할까? 이러한 물음들에 대한 해답을 위하여 많은 실험들이 있어 왔다.

이 결론은 간단하다. 모든 감각들이 서로 경합을 붙이면 이기는 것은 결국 보는 것이다. 즉, 최종적 감각은 **시각**이다. 그 때문에 신피질후두엽의 70%가 전부 시각처리 피질이다. 절대적으로 우리는 시각에 의존한다.

그러면 청각은 어떠한가? 인간만이 시각에 비해서 약할 뿐 동물들은 그렇지 않다. 일단 이 소리는 '공기의 압력'이 물리적 실체이다. 그러면 어떻게 이런 공기의 흐름이 아름다운 선율이 되며 오페라가 될 수 있는 것인가? 바로 우리 귀에는 공기의 압력을 선택하여 잡아 낼 수 있는 세포가 있기 때문이다. 이것이 없으면 소리도 단지 공기의 흐름인 것이다.

그럼 미각은 어떠한가? 우리의 혀는 융기가 나와 있음이 그냥 육안으로도 보일 것이다. 이것이 바로 맛을 수집할 수 있는 기관이다. 그런데 결국 우리는 몇 가지의 맛을 느낄 수 있는가? 쓴맛, 단맛, 신맛, 짠맛 등 기껏해야 10가지 정도이다. 사실 우리 혀의 신경세포는 100가지

이상의 맛을 느끼도록 고안되었다고 한다. 그런데 고작 다섯 가지일 뿐인가?

우리는 언어로 정의할 수 있는 것밖에 개념화하지 못한다. 즉, 실제 존재하여도 언어로 표현될 수 없으면 우리 인간에게는 없는 것과 다름없다. 따라서 우리 인간에게는 언어가 있고 존재가 있는 것이다. 기억 또한 마찬가지로 감각이 있고 기억이 있는 것처럼 말이다.

감각에서 오는 시그널을 우리는 기억으로 만들 뿐이다. 그 감각은 무엇인가? 중추신경 이전의 말초에서 오는 감각과 운동이다. 그곳에서의 수의근(골격근)에서의 촉각 감각, 고유 감각 시각 등등이다.

하지만 여기서 자율신경은 다르다. 이것은 자동 반사적이기 때문에 우리가 관장할 수 없다. 이것을 바로 교감, 부교감이라고 하는데 다음에서 다루어 보자!

교감과 부교감

우리 모든 신경은 중추와 말초가 있다. 쉽게 중추신경이란 것은 뇌와 척수의 메인루트이고 이것을 조금이라도 벗어나 있으면 말초신경이라고 부른다.

따라서 말초가 우리의 사지와 모든 기관에서 감각이란 것을 받는데 말초는 크게 체신경계와 자율신경계로 나뉜다.

이것 또한 풀이하자면 체신경이란 우리가 맘대로 움직일 수 있는 근육운동을 말하고, 자율신경은 말 그대로 자율적인 메커니즘에 의해 저절로 움직이기 때문에 우리가 맘대로 하지 못한다. 이 자율신경이 바로 교감, 부교감인 것이다.

그렇다면 교감신경이란 무엇인가? 예를 들어 우리가 산에서 뱀을 보았다고 하자. 뱀은 징그럽고 물리면 독이 퍼진다. 그렇기 때문에 혐오스러워하는 시각으로 우리 뇌가 전달받는다. 이후로 급격히 심장이 뛰고 눈이 둥그레진다. 또 땀이 난다. 자동으로 말이다. 이것이 교감이다. 그리고 도망간다. 그 후로 숨이 차올라서 헉헉거리면서 위험상황을 벗어나 심적으로 안정된다. 그러면 심장이 느려진다. 확대된 동공이 작아지고 땀샘이 작아져 땀이 마른다. 이것이 바로 흥분을 풀어주는 부교감이다!

원숭이는 뱀에게 굉장히 예민하다는 것을 다 알 것이다. 한마디로 기겁을 한다. 하지만 앞서 설명한 예에서 편도가 제거된 원숭이에게 뱀을 보여 주면 어떻게 될까? 이 원숭이는 무서워하지 않는다. 오히려 꼬리를 만지며 같이 놀려고 한다! 이것이 앞서 기술한 편도의 공포 제거이다!

이러한 교감 부교감에 의한 기억은 절대 잊지 못한다. 바로 PSD 트라우마라고 하는 기억이 여기서 발생하는 것이다.

부신피질에서 코르티솔이 분비된다는 것은 다 알고 있을 것이다. 그와 가까이 붙어 있는 부신 수질에서는 노르아드레날린[147]이 방출된다. 이 근거리로 서로 붙어 있는 역할도 서로 밀접한 연관성으로 그러하다. 스트레스 호르몬이 방출되면 재빨리 그것에 대항하는 물질을 내어뿜기 위해서이다.

언제나 이런 것들 가운데 있는 메커니즘의 주요 부분인 바로 시상하부[148]이다. 이 시상하부는 우리 몸의 신경전달물질이나 호르몬의 거의 반 이상을 관장한다. 반 이상의 호르몬에 대한 반응이 부교감 신경으로 이어져 있다.

부교감 신경이란 이런 것이다. GABA의 성격을 띤 몸의 흥분을 멈추게 하는 물질이다. 뇌 작용에서 '가바'라는 물질은 브레이크 작용을 한다.

우리 몸에서 흥분의 물결을 가라앉히는 것 또한 마음의 요소이다. 우리가 부르는 심리라는 것이 얼마만큼 중요한가는 이러한 자극 흥분에 얼마만큼의 반응과 반응 에너지가 나오는 가에 따라서 달라지기 때문에 심리의 요동이 중요해지는 것이다. 또한 이것의 원료는 교감과 부교감이라는 것을 잊지 말아야 한다.

그렇다면 이러한 원리를 기억에 대입하여 보자! 기억이라는 것이 이

147) NE.
148) HT.

런 메커니즘을 통제하거나 촉진시킬 수 있다.

미술을 예로 들자면 후기 인상주의 화가 반 고흐는 발작이 일어날 때 그림을 그렸다고 전해진다. 물론 발작을 안정시킬 목적으로 그림을 그렸다는 상반된 견해도 있지만 그림을 위해 일생을 바친 그 에너지를 보았을 때, 분명 전자의 논리로 설명되어야 맞다.

그럼 왜 발작이 일어날 때 그림이 더 잘되었다고 보는가? 바로 교감, 부교감에 의해 일어나는 **감정기억의 요동** 때문이다. 이러한 기억은 몸에 기류를 타고 흘러 묘한 기운을 선사하게 된다. 즉, 환각상태로 이해하면 쉬울 것이다. 마치 미술에서 부모에게 학대받은 아동이 아빠라는 소리를 듣게 되면, 선이 삐뚤어지는 자극과 작은 동요가 있듯이 말이다. 이것 또한 교감, 부교감의 반응이다.

이것이 강력해지면 트라우마를 형성한다! 즉, 떠올리기만 해도 기절해 버리는 것이다. 우리 의식은 너무 감당하기 힘든 과부하가 걸리면 가닥을 끊어 버리는 성질이 있다. 이것 또한 교감과 부교감이다.

전해지는 것들은 어디서든 기억으로 향한다. 그리고 어떠한 식으로든 반응을 하게 되어 있다. 따라서 우리는 최대한 자극적이고 나쁜 기억은 피해야만 하는 것이다.

그러한 예 중에서 하나가 바로 학대를 피하는 것이다. 부모 중에 술을 먹고 학대하는 부모가 있다고 하자. 이러한 행위는 범죄에 가깝다. 아이들은 이 학대의 기억을 고스란히 해마에 각인시킨다. 기억하기 싫어도 말이다. 그런 다음에 이것을 그대로 따라하게 된다. 스스로가 받았던 그 끔찍한 결과의 기억을 같은 상황이 오면 자신도 모르게 해마로부터 불러오는 것이다. 이것이 그 유명한 부정적 피드백 파페츠 회로[149]의 일종으로 여기게 되는 것이다.

이러한 본능적 기억, 자전거를 타는 암묵기억처럼 우리의 행위를 본능적으로 만들어 주는 본능기억이다. 이것을 지우기 위해 아무리 노력하여도 되지 않는 본능기억. 정신학에서 사이코패스를 만들어 내는 기억이다.

기억의 원리를 우리가 찾아서 스스로에게 좋은 기억을 형성시켜 줄 필요가 있다. 이러한 원리를 알고 있을 때 가능한 것이다. 또한 훈련이 필요한 것이다. 한 번의 훈련으로는 되지 않는다. 지속적 성찰이 필요하다. 따라서 **사람은 자신에게 저장된 기억을 지표로 산다.**

---

149) 에델만의 정서 기억회로.

장기기억과
단기기억

장기기억은 길다고 장기기억이 아니라 오래된 기억을 장기기억이라고 한다. 상반된 개념으로 단기기억은 몇 분 몇 초 안에 있었던 기억을 이야기한다. 이것은 중요한 개념이다.

헨리 몰레이슨, 일명 HM[150] 사례를 다 알 것이다. 이 환자는 간질 발작 증세로 당시의 뇌 시술 수준에 의지하여 MTL. 미디얼, 즉 해마 측두엽 절제술을 시행하였다. 그 후에 수술 이후의 일화기억, 즉 에피소드 기억이라고 하는 30분 이내의 기억은 모조리 잊어버리는 현상을 겪어 일상생활을 혼자 힘으로 못할 정도이다.

항상 염두에 두어야 할 부분은 뇌는 스스로의 환경에 적응하는 가소성을 가지고 있다는 점이다. 그것은 기억을 바탕을 한다.

하지만 HM처럼 단기기억이 사라지면 문제가 커진다. 자신이 누구인지는 알지만 무엇인지는 모르게 되는 것이다.

10분 전에 만난 사람을 누구인지 못 알아본다. 자신이 10분 전에 한 일을 기억 못 한다. 그리고 10분 전에 느낀 감정이 어떤 감정인지를 모른다. 즉, 모든 일이 연결선상에서 이루어지지만 맥이 다 끊겨 있는 흑백 필름과도 같다. 진정 이러한 생활은 정상적인 생활일 수가 없는 것이다.

---

150) 해마 제거 수술을 했던 유일한 사람(기억 실험의 표본).

그만큼 기억이라는 것은 중요한 것이다. 기억 안에서 우리는 우리 본질을 찾을 수 있다. 기억 안에서 인간은 인간다운 생활을 할 수 있는 것이다.

우리는 학교에서 학습 자체 그 시작부터가 기억을 위한 학습을 한다. 또한 기억을 묻는 시험을 본다. 정확하게는 기억을 묻는 것이 아니다. 기억 응용을 묻는 것이다. 이 기억 응용은 앞서 설명한 바 있는 시험 보기의 전형적인 수법이다. 이러한 모든 과정들은 뇌의 윤활 작용, 피드백 작용과 일맥상통한다.

이러한 신경작용의 이면에는 글루타메이트(Glu)[151]가 있다! 분자 메커니즘에서 신경작용과 생각의 출발의 최고 정점을 이 글루타메이트로 보는 것이 일반적이다.

이 신경물질에서 우리는 인간생활의 모든 시작을 본다.

그럼 다음 장부터 글루타메이트의 신경독을 살펴보도록 하자!

---

151) 신경전달물질의 일종.

글루타메이트와 생각

우리 신경세포의 이야기가 많이 나왔지만, 본질적 물음은 없었다. 신경세포의 가장 특별한 능력은 무엇이라고 생각하는가? 신경전달물질의 이동? 신경의 과부화 방지? 신경세포의 생산?

모두 아니다! 전파의 이동이다! 지금은 디지털 시대이다. 모든 것이 시그널, 즉 신호화되어 있다. 하나의 시그널이 다중 시그널로 똑같은 부호화되어 만들어지는 디지털의 세계, 바로 '획일'이라는 단어이다. 소리, 영상, 음영 모두가 다 뇌 안에서는 동일한 펄스이다!

이것의 발명은 우연일까? 아니다. 우연이 아니다. 우리 뇌의 신호전달체계가 그렇기 때문이다. 예를 들어 말과 언어라는 것은 한꺼번에 동시에 할 수 없다. 반드시 시간의 흐름, 순서화로 이루어져야만 의미가 형성된다.

생각해 보자. 우리가 '어머니'라고 했을 때 이 순서를 바꿔놓고 발음하거나 동시에 할 수 있다면 이미 이것은 순서가 아닐 것이다.

디지털이라고 부르는 것 또한 마찬가지이다. 이 시간적인 기록 방식은 모든 기호(영상, 소리, 문서)를 동일한 펄스로 시간 안에 나열하여 펼쳐지는 모리스 부호와 같은 원칙으로 주고받는다.

다시 신경세포로 돌아와서 우리 뇌에 가장 많은 전달물질은 단연 glu[152)]이다.

---

152) glu.

글루타메이트는 독성을 띤다. 왜냐하면 뇌를 가속시키는 촉진제이기 때문이다. 이러한 물질은 뇌 안에서 오래 방치하게 되면 다른 인접 세포를 죽이는 결과를 초래하기에 반드시 직접 회수해야 한다.

이것을 다시 회수하기 위한 세포가 바로 어스트로사이트[153] 성상세포이다. 그런데 회수할 당시 글루타메이트를 글루타민 형태로 바꿔 놓는다.

가수 분해다. 그만큼 독성이 강하기 때문에 자연은 분해하는 쪽을 택한 것이다. 이때에 들어가는 가수분해 효소가 바로 신서타제이다. 이것은 비교적 안전하다.

글루타와 아민기는 우리 몸에 필요해서 여러 곳에 사용된다. 그리고 이렇게 바뀐 글루타민은 다시 시냅스전 세포로 회수되게 되는데, 회수되고 곧장 다시 원물질인 글루타메이트로 바뀌게 되는 것이다. 이때는 또 글루타미나제[154]라는 효소가 작용한다.

그런데 의문이 생긴다. 자연은 왜 이런 돌아감을 택한 것일까? 왜 직접적이고 빠른 길을 놓아 두고 하필 먼 길을 돌아가는 것일까?

여기서 바로 자연의 섭리를 본다. 자연은 그냥 돌아감이 아닌 효소의 생성[155]에 목적을 두고 있다. 이것으로 일거양득하는 것이다. 그래서 자연은 오묘하면서 그 묘미가 있다.

글루타메이트는 생각의 가속기이다. 우리 생각 안에서 더욱 새로움을 부여하기 위해 가속기 연료가 첨가된 것이다.

인간의 참 의미, 이런 것을 두고 이야기 되어야 하는 것이 아닌가.

---

153) 성상세포.

154) glutaminase.

155) 분해 효소.

글루타메이트의 분자구조는 물론 생명의 원소인 카본과, 수소와 질소가 베이스다. 이런 기본 바탕에 탄소에 알콜 2개가 나란히 붙어 있는 형식이다. 이러한 분자 구조식 마지막에 CO_2(이산화탄소) 하나를 제거하고 수소 한 분자가 와서 붙으면 이것이 바로 GABA, 즉 억제제가 되는 것이다.

글루타메이트는 생각을 가속한다. 그런데 여기에서는 반드시 멈출 수 있도록 어떠한 것이라도 있어 주어야 한다. 그것이 가바라는 억제 브레이크 물질이다. 만약 가바 억제물질이 없으면 우리는 전부 정신분열에 걸리고 만다. 왜냐하면 흥분통제가 안 되기에 그러하다.

흥분성이 있으면 반드시 억제성이 있어 주어야 하는 모든 세상의 이치가 우리 인간의 작은 머리 안에 있는 우주에도 어김없이 자리매김하고 있다.

따라서 신경독으로 자극성이 강한 글루타메이트는 우리의 가속기 생각과 더불어 **창의력의 원동력**이다.

초염력과 뇌

『왜 신은 우리 곁을 떠나지 않는가』. 발간되어 혁명적 신성한 역작이라고 평가받은 서적으로 기억하실 분이 있을 것이다.

승려와 수녀들을 대상으로 과학적인 접근으로 종교의식 연구를 한 대표적 사례라고 할 수 있는데 이제는 여기서 연구된 최종 도표, 즉 결론을 풀어서 이야기할 작정이다.

첫째, 이것도 글루타메이트에서 시작한다. 이것은 생리학이 아닌 신비로운 뇌에 관한 이야기이다. 승려들은 자신을 수행하면서 며칠 동안 먹지도 자지도 않고 벽을 보며 수행한다. 이런 행위는 일반 사람들에겐 한 시간도 힘든 일이다. 나중에는 높은 절벽에서 한계를 시험하기 위한 일종의 종교의식을 한다. 이것이 바로 그들이 이야기하는 극한행사이다.

이런 완벽한 극한의 상황에서 뇌는 어떻게 대처하는 것인가? 첫째, PFC에서 글루타메이트가 증폭되어 나온다! 이러한 글루타메이트는 고난도 집중의 결과물로 의식이 극단적으로 뚜렷할 때이다. 이제부터는 베타 엔돌핀이 급상승한다. 며칠 동안 가열된 뇌에 대한 반응 중 하나이다. 극도로 피곤해진 뇌는 스스로 대처물질을 만들어 내는 것이다. 이 베타 엔돌핀은 더욱 글루타메이트를 가중시킨다.

이전 설명에서 Glu는 신경독이라 오래 지속되면 뇌를 죽인다고 했다. 그래서 이 글루타의 가수분해 효소인 NAALAD 아제[156]가 분출된다. 엔 아스틸 아스파라데이트 링크드 물질, Glu를 가수분해하여 스스로 독을 제거하는 것이다. 또한 이것은 시상 그물핵[157] TRN에서 GABA 억제성 물질을 배출시켜 정신이 미치지 않도록 돕는다.

이러한 배경에는 스스로의 자체 조절 기능과 고도의 컴퓨터도 하지 못하는 기능이 본능적으로 우리 뇌에 탑재되어 있다. 정해진 시간 안에 억제물질은 충분히 나온다.

이렇게 나온 물질은 곧 PSPL 상후 두정엽으로 향한다. 바로 이곳이 자연과 하나가 되었다고 하는 바로 그곳이다. 왼쪽 상후두정엽(PSPL)[158]은 내 몸의 좌표가 설정된 곳이다. 오른쪽 상후두정엽은 세계상과 공간에 대한 좌표가 설정된 곳이다.

이곳에 감각이 모두 차단되면 내가 누구인지, 지금 어디인지를 분간할 수 없게 되는 경지에 이르게 된다. 그리고 고난의 수행으로 인한 몸의 통증이 이루 말할 수 없을 지경에 이르는 듯 부서질 것 같은 통증이 오게 된다. 단 하루만 잠을 자지 않아도 육체적인 피로는 엄청날 터인데, 승려들은 무려 일주일 동안을 자지 않고 수행하는 정도라고 하니 이해가 될 것이다.

그러나 그들은 이 마지막 단계[159]에서 고통을 느끼지 않는다. 오히려 깊은 황홀감을 느끼게 되는 것이다. 그리고 불경에서 흔히 이야기하는 물아일체의 경지,[160] 즉 자연과 내가 한 몸이 되었다'는 경지의 이르게

156) 가수분해 효소의 일종.
157) 시상의 문.
158) 각회와 모이랑이 중첩된 뇌의 영역.
159) 극도의 고난 후 수입로(TRN) 차단 단계.
160) 초능력.

된다. 정신의 극단에서 바로 몸은 마약을 내뿜는 것이다. 이 마약이라 함은 DMT(디 메칠 트리도판)계의 몰핀 계열이다. 전쟁영화에서 가망이 없는 병사에게 두 번 용량을 주사하여 고통 없이 죽게 만드는 극약 처방이 몸 스스로에서 일어나고 있는 것이다.

그러나 몸이 주는 극약은 죽게 만드는 것이 아니다. 최악의 고통을 **극도의 의식**으로 바꾸어 주는 것이다. 극한 정신의 그 끝에는 내가 누구인지, 여기가 어디인지도 모르는 말 그대로 초월적 상황이 된다. 그 때 느끼는 황홀감이란 이루 말로 설명할 수 없다고 한다. 몸의 피로도는 극한의 상황인데도 말이다.

이것은 무엇으로 설명할 수 있을까? 우리는 모르고 있다. 뇌의 진정한 능력을 말이다. 영화에서처럼 뇌의 능력을 끌어내어 투시하고 열을 감지하는 등등의 황당한 내용은 사실 초월적인 어떠한 부분에서 맞다 해야 할지도 모른다.

지금까지는 교감 루트[161]인데, 부교감 신경에서도 거대 솔기핵[162] 옆의 청반핵[163]에서 노르에프네프린을 방출하게 해 주어 극도의 집중력을 보여 주는 것이다.

이것이 바로 초의식이다. 몸은 붕 떠 있고, 중력의 힘도 무의미하게 느껴지며, 정신은 모든 것을 뚫어 보는 듯 통찰력을 동반한, 즉 세상의 주인인 것 같은 착각을 하게 만들고 그래서 신이 바로 옆에 있는 듯한 느낌이 그것이다.

여기에서는 정확한 현실감이 무엇인지를 가르쳐 준다. 진정한 현실

---

161) sympetic.
162) paragiganto.
163) PARA.

은 여기가 아니라고 한다. 바로 그 당시 느꼈던 그곳, 의식 이탈의 그곳이 진정한 현실이라고 이야기한다.

여기서 필자는 직감적으로 통용되는 한 대목이 바로 초염적 의식인데 창의적 의식이 잠깐 동안 빛을 번쩍일 때 전자와 후자는 동일하다고 본다.

세계적 석학이나 천재들은 아무것도 하지 않고 의자에서 잠을 자듯 몇 시간을 가만히 앉아 있는 모습을 보이는 공통점이 있다.

도대체 그들은 무엇을 하고 있었을까? 바로 의식의 극한으로 하나의 목적을 밀고 갔을 것이다. 따라서 그 극한의 끝에서 이 세상의 현상과는 다른 차원을 맛보고 돌아온 바로 그것이, 세상이 놀랄 만한 **창의적 어떠한 것**으로 변모되어 같이 돌아왔으리라 본다. 따라서 분명 어떠한 놀라운 실체는 세상에 있을 법한 것이 아니어야 한다.

이러한 의미에서 **창의력을 극단의 의식**이 답해 줄 수 있을지도 모른다.

생각의 매듭

여러 가지 생각들이 있다. 이러한 하나하나의 메커니즘을 밝히기 위해 많은 사람들이 적지 않은 노력을 했고 지금도 하고 있다. 기억의 발생 단계에서 신경세포가 죽는 치매라는 현상까지 말이다.

하지만 이것은 알면 알수록 더욱 묘하다는 생각이 든다. 무엇이 진정 유일한 답이며, 어떻게 접근하는 것이 이 답에 도달하기가 가장 쉬운가 말이다.

앞 파트에서 살펴본 초의식부터 생각의 발생이 세포분자 관점에서 어떠한지 그리고 나아가서 이러한 세포가 왜 저절로 사망하게 되는지 그 시작과 끝을 살펴보면 다일 것이라 생각했는데 그게 아니었던 것이다.

그렇지만 다시 한 번 더 그 시작의 매듭에 대해 논해 보고자 한다. 어쨌거나 시작과 끝은 이 이온에서부터 시작한다.

Ca^{2+} 칼슘 이온!

왜 하필 칼슘일까? 그 많은 원소 기호들 중에 말이다. 흔하게 하는 이야기로 물 분자가 생명공학에 가장 중요한 역할을 한다고 했는데 왜 엉뚱하게도 칼슘일까?

쉽게 이렇게 생각해 보자. 물의 이산화탄소 농도는 대기 중 이산화탄소 농도보다 50배 많다. 따라서 세포공간에도 거의 물 분자인데 이러한 물에 떠다니는 CO_2가 잘못 조절된 Ca와 만나면 $CaCO_3$, 즉 석회돌이 되어 버린다.

이것은 생명의 말랑말랑하고 촉촉한 구조식을 딱딱하게 굳히는 것이기 때문에 생각 자체도 생명이온 결합에서 어떻게 보면 굳힘을 방지하기 위한 자구책으로 보자는 말이다.

이렇게 보면 일단 쉽게 접근할 수 있는데, 그냥 무조건 이러한 이온의 원리를 가지고 생명현상에 전반적인 해석까지 가능한가에 대한 물음이 당연히 따라온다.

그렇다면 생명의 주축인 단백질은 또 무엇이고 그 단백질 안에서 아미노산으로 나누어진 생명현상과 DNA의 핵산은 또 무엇이란 말인가?

우리는 여기서 한번 멈춰서 생각해 보아야 한다. 계속 도는 이러한 원인과 결과에 대한 논리로는 생명을 정확하게 볼 수 없다는 것부터 말이다.

생각의 톱니바퀴에서 탈피하는 것부터가 **창의**의 시발점이라고 언급한 바 있다. 처음으로 다시 돌아가서 우리가 아는 모든 물질, 또한 실체에서 우리는 지구라는 덩어리에서 결합되어진 작은 존재이므로 우주의 모든 것을 알 수 없었고 때문에 아직 모른다는 논리로 접근해야 더 빠를 것이다.

그럼 모든 현상에 대한 기원은 과연 무엇인가?

H부터 보자! 수소가 헬륨으로 변형되는 우주의 논리는 왜 우리 지구상에는 없는 것인가에서부터 시작해야 한다는 편이 맞다. 거대한 스페이스 공간에는 수소 핵융합 헬륨의 현상이 90% 이상인데 말이다!

왜 지구는 거꾸로 되어 있을까? Si, Fe, Ca, Mg 등 이것은 지구 무게의 대부분을 차지하는 요소이다. 우주적 관점에서 보자면 이런 요소의 출현 안에서 지구라는 티끌만 한 존재가 생명현상을 만들어 자기네들끼리 자급자족하는 것을 뭐가 아쉬워서 놔두고 있는가 말이다.

바로 **흐름**이다. 지구도 그 궤적을 따라서만 움직인다. 우리는 이것을 법칙이라고 정해 놓았다. 칼슘도 머리세포 안에 들어올 때 적당한 만큼만 일정 궤적에 의해 들어오라고 수많은 단백질을 리셉터에 가져다 붙인다. 쓸데없어 보이게 말이다.

스페이스의 관점에서 이 흐름은 곧 생명이다. 우주 관점에서는 우리 지구는 뜬금없는 존재이다. 특이한 존재란 말이다.

그런데 그 46억 년이라는 시간 동안 우리 지구는 우리가 다인 줄 알고 살아 왔다. 최소한 수십 세기 전까지도 말이다.

이것은 다르게 보자면 칼슘이 곧 생각이라는 말과 동일하다. 지구에는 물도 있고 단백질이라는 것도 있는데 왜 자꾸 이상한 석회암의 원물질을 가지고 생각이라고 하는가부터 접근법의 차이인 것이다.

물은 H_2O라고 부른다. 수소 2개에 산소 한 분자로 된, 생명의 시작은 물이 맞다. 이것의 분해 결합 과정이 모든 생명체를 만들었음에는 틀림없다.

가수분해! 물이 가해져서 쪼개짐을 뜻하는 단어. 이것을 생물 공학 용어로 아제(Ase)라 읽는다. 이 반대말은 탈수중합이다. 물이 빠져나와 공유결합한다는 말이다.

분해와 결합! 이 과정으로만 놓고 보자면 이것이 지구상의 시작과 끝 전부이다. 그런데 이 분해와 결합의 변태가 바로 핵폭탄은 만들고 암을 유발시키는 원동력이다.

물이 분해되면 수소 하나와 전자가 빠져나와 수산기-로 남는다. 이때 '-'는 팔인데 이 팔로 어떠한 원소와 손을 잡고 결합하는 것을 우리는 공유결합이라고 부르기로 했다. 그런데 이때 팔이 하나 없이 그냥 수산기만 빠져나오는 분해가 있다. 이렇게 되면 이 수산기는 어떻게든

팔 하나를 떼어서 자기에서 붙이려 한다.

이것이 바로 핵폭탄에 피폭되는 현상과 동일하다. 즉, 우리 몸에 있는 DNA 수산기에서 떼어 가는 것이다. 그러면 우리 세포는 공유결합을 풀고 망가지게 된다. 따라서 맘대로 단백질을 가져다 붙이고 이상 현상을 일으키는 것이다. 이것이 바로 변이(암)라고 부르는 생물 형태이다.

다시 생각으로 돌아와 보자. 칼슘이 세포 안으로 들어왔다. 이 칼슘은 세포 안으로 들어오는 것을 단백질들은 무조건 조절한다. 왜냐하면 전에 OH기가 팔 하나를 빼앗아 가면 스스로가 죽어야 되는 현상이기 때문에, 단백질 입장에서도 칼슘을 적당량 막지 못하면 자기 팔 하나를 내어 주는 결과와 같기 때문이다.

무조건 막기만 해서도 안 된다. 적당한 칼슘이 있어 주어야 우리가 서 있을 수 있기 때문이다. 이때 칼슘은 NMDA 채널에서만 받아들인다. 그런데 이온이 부족하다 할 경우는 AMPA 채널에서도 칼슘을 통과시키게 단백질이 돕는다. 이 단백질을 그립(GRIP)[164]이라고 부른다. 또 하나가 더 있다. PICK-1[165]이라고 하는 단백질이다.

이렇게 들어온 칼슘은 세포의 지탱에 사용된다. 그런데 사용되고 남은 칼슘은 반드시 회수되어야 한다. 이때 회수하는 기관이 또 따로 있다. 바로 중학교 때 배웠던 활면 소포체이다. SER이 그것이다. SER에서 남은 칼슘을 회수하고 보관하였다가 다시 부족하면 풀어놓는 것이 우리 생각의 메커니즘이다.

진정 간단하지 않다. 정작 생각해 보면 치매에 도달되기 위한 긴 여

164) 글루타메이트 리셉트 인셉.
165) 단백질의 일종.

정의 시작이 이곳이라고 보는 견해가 많다. 앞서 언급한 베타 아밀로이드나 타우단백질이 아닌 바로 칼슘의 용해작용, 이것이 신경세포사의 시작이라고 보는 견해 말이다.

그 때문에 우리는 모르긴 몰라도 어쨌든 칼슘이라는 것을 이해하여야만 한다. 결론적으로 칼슘의 출입을 조절하지 못하면 신경독인 글루타메이트를 조절 못 하게 되고 이것이 결국 신경세포를 죽이는 결과가 알츠하이머의 시발점이라는 것과 이 반대 현상이 **신경세포의 활성화, 즉 창의성인 것을 알아야 한다.**

세포의 죽음과 천재

머리 안에서 일어나고 있는 모든 일들은 매우 복잡하다. 우리가 아직 모르고 있을 뿐이다.

게놈[166]의 천문학적인 경우의 수를 읽어 내고 있는 요즘 여러 가지 관계 규명에 대한 치료약을 약 450여 회나 모조리 실패한 세포 죽음에 대한 이야기이다.

이 부분은 알츠하이머와 연관된 이야기로 앞 파트에서도 다룬 바 있다. 이 부분은 노인성과 그렇지 않은 세포의 형질 이상의 세포 죽음을 다룬다.

세포는 어떤 때에는 다른 세포를 위해 스스로 죽어 준다. 공존할 수 없고 하나의 제거가 불가피할 때 말이다. 이것이 바로 아포칼립토[167]라는 죽음이다. 이러한 자의적 죽음의 결과 세포사한 찌꺼기가 남아 다른 단백질을 위해 쓰여지고 자가정화된다.

그런데 알츠하이머의 세포 죽음은 경우가 다르다. 다른 여타의 것에 의해 죽임을 당하는 것이다. 이러한 죽음을 네크로시스[168]라고 불린다. 한번 죽임을 당하면 그만인데 주변 세포들까지 같이 끌어들이는 대량학살의 현장이기에 문제가 심각한 것이다.

---

166) 신경세포 내 DNA를 해독하는 모든 수.

167) 스스로의 죽음의 선택.

168) 타의적인 죽음.

그렇다면 죽임을 당하는 피해자는 가해자를 기억해야 한다. 인간 사회에서 가해자는 엄벌에 처해서 항상 법칙에 따라 격리시키고 감금시킨다.

세포 입장에서도 마찬가지이다. 이 무서운 범인을 찾아내어야 한다. 이 가해자가 바로 전 파트에서 설명한 바 있는 **아밀로이드-B**이다.

전 파트에서는 노인성 질환의 연결에서 알아본 것이고 이 장은 사실 그것보다 더 중요한 세포의 입장에서 접근해 보는 것에 의미가 있다.

원래는 이 베타 아밀로이드라는 녀석도 처음엔 세포 입장에서 대단히 좋은 이웃이었다. 그래서 흉악한 자가 되기 이전의 이름도 바로 아밀로이드 프리 프로틴의 약자인 APP[169]라고 하였다.

APP는 그 본질이 아미노산이다. 아미노산 770개의 층이 모인 하나의 군집성 단백질 덩어리가 흉악한 범인이 된 것이다.

무엇 때문에 그러한가? **베타 제거 효소 때문이다.** 앞서 아미노산은 평균 **800겹으로 쌓인 층**이 있다고 밝혔다. 총 1번부터 671번까지의 아미노산은 전혀 문제가 없는 생생한 본체이고, 714번부터 770번까지 아미노산 층도 전혀 문제가 없는 건강한 아미노산의 본체이다.

하지만 **베타 아밀로이드가 되기 전**은 이중인격체이다. 770개 중에 **42개**의 중량의 각기 다른 인격체를 달고 살아온 것이다. 이들은 경우에 따라서 돌변한다. 기회주의자처럼 말이다. 갈색이었던 무던한 본성의 색이 갑작스럽게 검붉은 색으로 변하더니 자신이 알고 지내 온 나쁜 친구 베타 제거 효소를 불러오는 것이다. 그러면서 자신의 몸 중 672번을 자르게 하는 것이다.

---

169) 아미노산이 되기 전.

따라서 전체 아밀로이드의 672층부터 713층까지, 즉 42개의 아밀로이드가 되는 것이다. 이렇게 잘려 나간 배타아밀로이드는 monomer[170]로서 아직까지는 큰 힘을 발휘하지 못하는 상태이다. 이때 세포 입장에서는 그들의 올바른 생각대로 이런 자들을 용해할 수 있는 물질을 내보낸다.

IDM[171]과 NEP[172]가 바로 세포 통제자들이다. 그 때문에 설령 이러한 베타 아밀로이드가 만들어지더라도 보통 세포들은 미리 붙잡아 감금하거나 제거하기 때문에 그리 위험하지 않다. 하지만 그렇지 못하는 완전체들이 있다.

만약 제거하지 못하고 그냥 놔두게 되면 이루 말할 수 없는 연쇄마가 되는 것이다. 쉽게 이야기해서 몸집이 불어나는 것이다. MONOMER에서 Oligomer[173] 복합체가 되어서 난동을 부리기 시작한다.

그 첫 번째가 우리 몸의 독립된 세포인 미토콘드리아와 상호 작용을 원활하게 하지 못하게 방해하여 활성산소의 농도를 높이고 급기야 숙주세포를 아프게 하는 것이다. 이렇게 된 산성화는 세포의 노화를 결국 가져오게 되는 것이다.

두 번째 난동은 **베타 응집체**[174]다. 쉽게 풀이하자면 응집체를 뜻한다. 버려야 하는 쓰레기 덩어리 응집체가 둥둥 떠다니며 세포 인지질 막에 제멋대로 박히게 되는 것이다. 세포 입장에서는 이러한 경우를 반가워할 리 만무하다. 즉, 세포의 피부가 아파 병들게 되는 것이다.

---

170) 단량체.
171) 인슐린 디그레이딩 엔자임.
172) 네프릴리신.
173) 중합체.
174) 어그리게이션.

세 번째 난동이 결정적이다. 상당히 응집된 올리고머 베타 아밀로이드는 **지방산활성효소**[175] 파스 리셉터에 리간드 형식으로 붙어서 튜머 네크로리셉터[176]를 자극하기에 이른다. 이런 현상은 바로 세포의 자살 단백질 FADD[177]를 불러들이고 카스파제 8번을 불러오면 이것이 미토콘드리아 막 시토크롬 산화효소[178]에 작동을 중지해 버린다. 미토콘드리아가 호흡 못하게 되는 것이다.

결국 세포사의 3가지 법칙을 모두 불러오게 된다. 엔 메틸 디 아스파라데이트 채널[179]에 리간드로 붙고, 볼테이지 디펜던트 채널[180]에 리간드로 붙고, 지 프로틴 채널[181]에 리간드로 붙는다.

이 3법칙의 결과 제일 중요한 요소로 다루어진 칼슘을 다시 불러들이지 못하게 된다.

세포 죽임을 당한 세포 입장에서의 생각은 이러하다. 그러면 이들 입장에서는 명확한 원인 규명과 결과이다. 세포가 굳어서 죽는다. 이것이 진정한 의미에서 세포사이다. 이 모든 것은 자폐인의 뇌를 브리핑할 때 반드시 나오는 단백질 경로이다.

베타 아밀로이드와 알파 아밀로이드에 이어서 그러면 자폐의 뇌와 치매의 뇌 신경세포 차이는 무엇인가? 그리고 이 극단적 차이에서 보여이는 물리적 실체는 무엇인가?

많이 죽는 것이나 많이 생성되는 것은 같은 증상의 순환고리일 뿐이

---

175) fad: fat acid synthase.
176) TNFR.
177) FAS- asoicate deth domein.
178) CYT B6.
179) NMDA R.
180) VDC R.
181) G-PC.

라는 것이다. 우주의 수소 환원설과 작은 생명현상의 일치 원리이다. 세포 수준에서의 이러한 적지 않은 규명은 우리에게도 이처럼 많은 생각을 하게 만들어 준다.

그런데 이러한 모든 현상이 노인성 치매의 세포 문제거리가 아닌 유전형질 이상으로 인한, 앞으로 살 날이 엄청 많은 젊은이의 이야기이면 진정 그냥 흘릴 수 없을 것이다.

더구나 자폐성을 앓고 있는 한 작은 아이의 천재적 재능을 이야기하는 서번트 증후군이라면 더욱 서글픔을 금치 못할 것이다. 그 작은 아이는 자신이 무슨 질환을 앓고 있는지도 모른 채 그저 예민한 자신의 감각을 탓할 뿐이다. 아니, 그것조차 감각이 예민한 것인지 모를 것이다. 건들면 찢어질 듯 피부 통증을 호소하는 자폐 아동에게 진정으로 위의 상황을 이해시키고 알려 주고 싶다. 하지만 아직까지 치료약이 없다는 것 또한 알려 주어야만 한다. 애석한 일이다.

이렇게 진정 어린 눈길을 피하는 자폐 아동의 뇌 안에서 일어나는 일들이 천재적 현상인지 아니면 세포 죽임 하는 현상인지를 정확하게 알려 주어야 한다.

세포 생각과 기원

어떻게 해서 우리 인간이 생각이라는 것을 가지게 되었는가? 바르고 옳다고 생각되어진 모든 이론들을 한 번 더 정립하라고 인간에게 의식이라는 것을 허락한 것인가?

이것은 물리학에서 더욱 뚜렷하게 다가온다. 아인슈타인은 예전 상대성 이론을 전개할 때 물리학의 이론을 바탕으로 내 상대성 이론을 전개하여 수용해 보려는 노력은 전부 수포로 돌아갔다. 왜냐하면 잘못된 이론 때문이다.

모든 일어난 것들에서 그 위에 쌓는 모든 것들을 위태롭게 만드는 것이 바로 초석이라고 하는 베이스이론이다. 이러한 베이스 이론의 관점에서 볼 때 신경세포의 시냅스 전달 이론에서 아직 밝혀지지 않은 바가 있기에 정확하다고는 볼 수 없다.

하지만 이론의 실제성과 허구성, 과장을 배제하더라도 이러한 연구들은 계속되어져야 하고 더구나 분자 레벨에서의 기억이라는 연구는 계속해서 이어져야 한다. 이것은 너와 나의 최소한의 근원이기 때문이다.

이러한 기원과 근원을 되짚어볼 때 어김없이 되돌아와야 하는 구절이 있다. 세포 관점에서 보았을 때 우리의 모든 구조의 흐름은 분자로밖에 이야기될 수 없다. 이것 외에 다른 것은 없다.

앞 대목에서 잠깐 설명한 바 있는 세포 분자설의 연결선상이다. 『기억을 찾아서』라는 대목에 가장 중요한 단어가 CREB라는 단백질 바인

딩이다. 단백질에 기억이라는 대목은 이 CREB를 대변하는 가장 중요한 부분이다.

순환하는 대체 엘리먼트의 리간드 물질은 반드시 염기서열과 같이 맞물려 돌아간다. 따라서 반드시 붙어야 하는 자리에만 맞춰서 붙는다. 그 자리는 DNA의 아데닌으로 시작하는 곳에 붙어 오기 시작한다.

세포의 첫 규칙이 시작되는 것이다. 이것은 세포의 핵 안에서 시작하는 일이다. 이러한 첫 법칙이 시작되기 전에 세포벽으로부터 여러 가지의 신호 흐름 단백질이 만들어져야 첫 규칙이 시작되는데 이러한 오묘함도 진정 생명이 그냥 되는 것이 아니구나 하는 탄성을 가져온다.

스트레스가 세포벽을 타고 들어오면 이것도 모두 분자 상태의 물질로 바뀐다. 대표적인 물질이 코르티졸[182]이다. 이것은 세포 내에서 즉각적인 단백질을 불러온다.

프로틴 38k달톤이라는 단백질과 연계한 스트레스 신호는 인산 하나를 붙여 스트레스를 줄이려고 하는 단백질 인자로 신호를 보낸다. 스트레스 어소시에이티브 프로틴 키나제[183]가 바로 그것이다.

여기서 중요한 것은 키나제인데 이것을 생물학에서 K로 표기한다. 이 키나제는 어떠한 유발 물질에다가 인산기 P를 붙여 주는 것으로 인산기가 생명에서 얼마만큼 중요한 요소인지는 한번 더 따져볼 필요성이 있다. 인산기 하나를 붙여 주기 위해 단백질들은 이 고생을 하며 생활한다. 그리고 자체적으로 여러 가지 종류의 물질을 스스로 생산해 낸다. 그 때문에 키나제란 명이 붙은 약들이 그리 많은 것이다.

이렇게 붙여진 여러 가지의 단백질 중에서 한 갈래는 세포핵으로 들

---

182) 스트레스 호르몬.
183) SAPK.

어가는데 이것은 중요한 사건이다. 알다시피 핵에는 아무거나 불러오지도 않고 넣어 주지도 않기 때문이다.

세포핵으로 들어가기 직전에 하나의 과정을 더 거친다. P38이 호응되어진 다른 단백질을 만들어 내는데 그것이 바로 미토켄 스트레스 키나제이다. MAPK[184]라 부른다. 다른 명칭으로 ERK라 부르기도 하는데, 즉 엑스트라 레귤러가 바로 이것이다.

모든 것은 이처럼 연결되어 있다. 이러한 미토켄 단백질에 인산을 단계적으로 두 번 붙이고 나면 드디어 완성물질을 배출해 낸다. 앞서 설명한 CREB가 바로 그것이다.

이런 방식으로 단백질은 세포핵에 들어갈 준비를 마친다. 그런데, 여기서 하나의 중요한 갈래가 더 있다. 바로 칼슘의 공급 과정이다. 칼슘은 생각과 기억에 대표적 물질인데 바로 세포의 사이클릭에도 관여하는 것은 다시 확인할 필요가 있다.

칼슘이라는 것은 대표적으로 NMDA채널에서만 허용된다. 또한 몇 가지의 보조 인자 단백질이 도와주기만 하면 VGCC[185]에서도 다량의 칼슘이 수용되어 들어온다. 이때 바로 칼슘 칼모듈린 키나제 camk2가 붙는다. PP2B 칼시뉴린과 쌍벽을 이루는 최고위 생각 모듈 단백질이다. 이것은 최종적으로 CREB의 DNA 상호 접착을 돕는다.

이제부턴 이 모든 기호들은 즉시 RNA형태로 읽히고 판독되어져서 전사조절인자의 역할을 하는CEBP 형태로 전환되어 거듭되는 조절의 과정을 마친다.

---

184) MAPK-1.

185) 볼테지 게이티드 칼슘채널.

다른 하나의 과정, 뉴로 트랜스미터[186] 과정의 채널이 존재한다. 여기서는 ATP 한 분자를 사이클릭(AMP)으로 바꿔 놓는 작업을 한 후에 프로틴 키나제 A에 영향을 주는 기억모듈을 활성화시킨다. 세포의 흐름이 기억의 흐름이라고 보아도 무방하다.

마지막 다른 한 과정, 이번에는 글로스 펙타 채널[187]을 활성화시킨다. 이곳에서 분출되는 활성화 단백질이자 기억 모듈의 대표적 주자, 바로 PI3-K를 활성화한다. 프로틴 이노시톨 벤젠 구조 3번에 인산기 P 하나를 붙인다는 의미이다. 모든 과정의 시발점은 인산기 하나 붙이는 것부터 시작한다고 앞서 언급하였다. 이런 흐름은 분자의 흐름이고 다른 말로 세포라고 한다. 여기서 우리는 무엇을 보는가?

생명-흐름-생각.

철학에서 이야기 하는 수습 안 된 질문에 대한 답을 정확하게 이러한 흐름의 단백질로 이야기하는 생물학을 보면서 이렇게 느낀다.

이러한 모든 흐름들은 무엇을 위함인가? 누구를 위해서인가? 생물을 위해서인가? 세포를 위해서인가? 아니면 보이지 않는 새로운 생각을 위해서인가?

186) NT.
187) GF.

기억(창의) 단백질의 유래

기억 중에 칼슘을 주매개체로 한 분자의 흐름과 이동을 우리는 생각의 실체로 보았다. 앞서 설명한 바 있는 모든 모듈들이 이것을 꼭 집어 설명하는 것이었다.

그런데, 어떠한 것은 종양을 생성해 낸다. 바로 기억의 통로 물질 라스[188]라는 단백질이다. 모든 것이 얽히고 섞여 있다지만 정반대 개념의 중앙 통로에서 이런 극적 개념이 서로 맞물려 있는 것인가.

일단 기억의 구조를 보자면 RAS(GEF)-RAS를 불러오고 RAS는 Raf를 활성화한다. 이것은 기억 모듈 마지막 단계인 mek1/2, erk1/2를 활성화한다.

엑스트라 셀룰러 리엑티브 키나제는 세포 밖 물질의 재활성이라는 뜻을 가진다. 이것이 바로 세포의 흐름에서 언급된 바 있는 MAPK[189]이다.

생물학에서는 같은 물질을 지칭하는 용어가 여러 개 있다고 한다. 왜냐하면 여러 연구팀들이 각기 나누어져 따로 그룹을 형성하고 경쟁 논리에 의해 팀이 꾸려지기 때문이다.

그런데 용어보다도, 왜 이렇게 다른 개념의 생성 물질이 같은 방향으

188) GEF.
189) 엑티베이트 프로틴 키나제.

로 쓰이는 것인가? 따지고 보자면 약을 만드는 과정도 독을 이용하여 분자 하나를 바꾸어 놓는 구조로 활용되는 경우가 많다고 하는 데 의미가 있다.

이러한 일반화의 논리는 필자가 궁극적으로 밝히고 싶어 하는 자폐의 기억과 활동 모듈에서 그대로 적용되는 것일지도 모른다. 단지 겉으로 드러나는 모습은 자폐 아동도 정확한 저능아의 모습을 하고 있기 때문에 말이다.

다시 돌아와서 기억으로 가는 단백질과 암으로 가는 단백질이 왜 구분되지 않고 혼용되는 것인가의 메커니즘을 알아보자.

이것을 알려고 하면 단백질의 기원을 되짚어 보아야 한다. 적어도 10억 년이라는 기간 동안 우리 선조들은 기억을 위한 단백질의 시초 작업을 해 오고 있었다.

그 대서사시의 시작! 바로 진핵세포부터이다. 그 이름도 찬란한 **진핵생물**[190]이 바로 이것이다. MASC- RAS MAGUK 시그널 컨포넌트, 즉 진핵세포가 꿈틀꿈틀 교류의 시작을 알리는 행동을 하면서부터 단백질이 시작되었다.

바로 첫 번째 등장하는 단백질의 시발점이 강한 단백질 군 라스인 것이다. 이것을 시작으로 자연스레 등장한 단백질군이 바로 칼모듈린 키나제, 기억 단백질이다.

CaMK 2! 칼슘 칼모듈린 키나제 2 때문에 수십억 년 전 진핵세포는 이미 기억을 시작하였다. 아니, 준비되었다는 표현이 맞다.

성격상 칼모듈린은 칼슘을 포획하기 위한 단백질이다. 그 때문에 기

---

190) 진핵 세포.

억이라는 원초도 생물의 굳어짐을 방지하기 위한 방책으로 시작되었다는 표현이 맞지 않을까?

이어 등장하는 단백질이 칼시누린, 즉 pp2b[191)]이다 얼마만큼 중요했으면 단백질 하나에 명사가 붙었을까. 이것도 마찬가지로 억제 단백질이다.

또 하나의 시작 단백질 그 세 번째가 PMCA[192)]라는 단백질이다. 이 단백질에서 우리는 기억의 방출, 즉 칼슘의 방출을 본다.

또한 프로틴 키나제-C 이것도 기억을 담당하는 물질이며, 수십억 년 전 진핵세포의 마지막 준비물질 NF-1[193)]이 출현하였다. 이것은 마찬가지로 암을 유발하는 촉진인자이다.

아직 기억의 초기 단계인 이 진핵세포에서부터 암을 유발하는 촉진물질이 벌써 두 개나 나왔다면 모르긴 몰라도 세포의 기억과 세포의 종양은 뗄 수 없는 관계인 것은 분명해진다.

이제는 수십억 년 전 단세포 동물로 가 보자. 깃 동정 편모충류[194)]가 단핵세포의 시발점이다. cadherin,[195)] epherin,[196)] RTK,[197)] SPECTRIN[198)] 이것들은 단세포에서 준비되었다. 무엇을 위한 준비였을까? 바로 소통을 위한 진화였다. 하나의 단백질은 분열하여 잉여를 만들어 내고 각기 일을 분산 처리하였다.

이것은 다세포 동물이 출현하는 계기가 된다. 기억이라는 것 또한 이

---

191) 기억을 부르는 단백질.
192) 프리즈마 멤브레인 칼슘채널.
193) 종양 물질.
194) Choanoflgellate.
195) cadherin.
196) epherin.
197) RTK.
198) SPECTRIN 엑틴필라멘트 지탱단백질.

러한 진화구조와 함께 완성되는 것이기에 같은 맥락에서 보아야 옳다.

지금까지의 기술은 시냅스가 완성되기 전이다. 정확한 의미에서 기억이란 시냅스의 등장 유무에 따라 달라지는데, 이 시냅스의 의미에서 발생은 자포동물[199]부터 시작하였다. 산호, 해파리, 말미잘 등이 그것이다. 이러한 생물의 동작은 기본적으로 신속함을 기본 조건으로 해야 하는데, 바로 자포하기 위해서 시냅스가 필요로 한 것으로 보인다.

그러면 이제는 등장해야 하는 채널이 있다. 바로 NMDA 채널, AMPA 채널이다. 기억 리셉트의 대표주자이다.

여기서 neuroligin이라는 용어가 등장하기 시작한다. 더욱 나아가서 이 용어의 단백질이 나중에 인간이라는 종에 오면서 자폐에 중요하게 여겨지는 단백질로 역할을 하게 된다는 것은 의미심장한 대목이다.

드디어 DNA 복제가 진화된 높은 수준에서 시작되었다. 리셉트 채널의 복제시작! 잉여 전사조절물질로 진화의 모티브가 되었고 커뮤니케이션이 가능해졌다.

그 대표적인 것이 창고기[200]다. 그들은 원래 머리가 없는 동물이었다. 그들의 진화과정 중에 우연히 복제가 가능해졌고, 복제한 중에서 쓰고 남은 잉여가 바로 머리가 되었다는 기억의 시작, 즉 우연의 시작이었다.

더욱 진화되는 시간의 흐름 속에서 이제는 칼슘이 단백질을 생산해 내었고, 그리고 난 후 생각이란 것이 거듭되게 되었다.

이것은 분자의 진화로밖에 이야기할 수 없다. 생명은 어떻게 보면 그 이상도, 그 이하도 아니다. 즉, 생각의 진화인 것이다. 이러한 단백질의

---

199) 침을 쏘는 동물이라는 뜻에서 유래.
200) 고대 선조 동물.

진화에서부터, 생각이 진화되기까지 말이다.

그 이유는 무엇일까? 바로 움직이기 위해서이다. 결국 생각도 움직이기 위해서다. 기억도 움직이기 위해서다.

움직임을 위한 기억

동작 하나를 기억한다. 그 기억은 우리를 의미 있게 만드는 인간다운 그 무엇이다. 이것은 앞서 살펴본 단백질의 향연이다.

그중에서 무엇보다 우리의 동작기억을 드라이빙할 어떠한 요소를 인간은 찾아내었다. 뇌 영양 유도물질의 일종이다. BDNF[201]라 일컫는다. 이것은 스파인 내의 소포주머니 안에 갇혀 떠다니다가 특별한 행동을 할 때 툭하고 튀어나온다.

특별한 생각을 해서 행동에 옮기는 작업도 마찬가지다. GLU하고 같은 형태로 말이다. 스파인 안에서 리아노 다인 리셉트라는 것이 있다. 이것은 CICR[202]라고 표기되는데 칼슘 인 듀스, 칼슘 릴리즈라는 칼슘에 의해 칼슘이 방출되는 특이한 구조의 리셉트이다.

또한 우리가 잘 아는 NMDA는 칼슘만 보내고 AMPA는 나트륨[203]만 보내고 칼륨[204]을 방출시키는 정해진 작업만을 하게 되어 있다.

하지만 브레인 드라이브 물질은 이러한 정해진 작업에 또 다른 드라이브를 건다. 다른 일을 하게 하는 것이다. 이를 테면 AMPA 채널에도 칼슘을 통과하게 한다든지 하는 것 말이다.

201) 브레인드라이브.
202) 칼슘에 의해 조절되는 칼슘리셉터.
203) Na.
204) k.

이것은 무엇을 이야기하는가? 스파인 리셉터 하나도 고유한 자기 성질을 벗어나는 응용을 누군가에 의해 하게 된다는 말이다.

이러한 모든 것은 특정 물질에 의해 드라이브된다. 각기 다르게 말이다. 더 깊숙이 따지고 보면 우리가 이야기하는 생각이라는 것도 결국 최종적인 드라이브 물질이기에 아는 것만큼 보이고 듣는 것만큼만 보이는 것이다. 그 때문에 아무것도 없는 지식의 상태에서 새로운 지식이 나오기 만무하다.

이러한 풀이는 결국 새로운 생각도 절대적 지식의 드라이브 물질이라는 이야기다.

우리가 생각과 지식이라고 했던 것. 분자메커니즘으로 따져보고 있는 지금의 상황에서 이 모든 것은 과학적으로 분자적으로 모두 분명하게 설명되어질 수 있다.

우리가 인슐린이라는 이야기는 흔하게 들어 왔다. 당뇨에 관여된 물질, 그런데 이것은 새로운 생각의 작용에 역할을 한다.

IGF,[205] 인슐린 라이크 그로스팩터이다. 더 정확하게 이야기 하자면 인슐린과 비슷한 어떠한 물질로 해석된다. 이것은 사춘기 성장호르몬과도 같은 역할을 한다. 아무튼 성장에 관련된 물질이기에 생각의 확장에도 도움을 준다.

여기 인슐린 리셉트 서브 스텐스에 SOS라는 물질이 단계적으로 붙으면 동장하는 단백질이 있다. 바로 라스가 또 등장한다. 라스가 붙으면 그 등장인물들은 정해져 있다. 라프, 미토켄 엑티베이팅 키나제, ERK가 그것이다. 이것은 결론적으로 에릭 캔델[206]이 그렇게 강조하던

205) 인슐린과 같은 유도 물질.
206) 『기억을 찾아서』의 저자.

CREB 사이클릭 리스판스 엘리멘트 바이딩에 촉진된다.

움직임의 기억도 결국 브레이 드라이브 펙타로 시작했다가 이 CREB로 끝난다. 이 물질은 기억을 위한 모든 뇌 작용의 시작과 끝점이 되는 물질임에는 틀림없어 보인다.

이제는! 분자 작용의 모든 중요도와 작동 원리의 이론은 거의 끝이 보인다. 설명할 것은 거의 설명했고 증명될 것은 거의 증명되었다.

자폐와 치매를 설명할 수 있다. 즉, 슈퍼 두뇌와 죽어 가는 두뇌의 상관관계를 밝히는 일만 남았다. 앞 파트에서도 간략하게 설명했지만 더욱 엄밀하게 말이다. 이것을 증명하면 드디어 창의적 힘의 진정한 의미도 가늠해 볼 수 있지 않을까 한다.

모든 기원

우리는 생물학을 어렵다고들 한다. 물론 이 학문은 범위가 넓고 광대하다. 그러나 궁극적인 것은 어렵지 않다. 모든 학문이 그러하듯 말이다.

간단하다. 세포의 생에 관한 문제다. 이러한 근본적인 문제를 우리는 회피한다. 어렵고 복잡하다는 것이 이유이다. 그러면 우리는 우리가 무엇이고 누구인지에 대한 통념적인 대답만 할 뿐 근원적인 본질은 못 보는 것이다.

생명에 관한 사이클은 물론 어렵다. 그렇지만 진정한 본질은 단 하나이다. 그런데 인간은 언어라는 틀 안에서 어떠한 형체부터 시작하여 현상까지 모두 묶고 정의하려는 습성 때문에 학문이 어려워진 것이다.

그렇지만, 우리가 반드시 알아야 할 부분이 바로 이것이다. 남녀노소 막론하고 말이다.

이것은 우리의 기원과 생명의 그 뿌리와 같다. 이러한 근원적 부분은 물론이거니와 바로 여기서 인간의 삶과 철학, 감정, 희노애락과 생의 대서사의 뿌리를 알게 되고 나아가 생각이라는 것이 무언지, 세월이라는 것이 무언지, 그리고 우리 머리 안의 기발한 창의성이라는 것이 무언지 생각하게 된다.

우리가 이룩한 이 문명이 창의적인 생각에 맞물려 이룩해 놓은 건축물, 자동차, 디지털 이 모두가 돌이켜보면 지구 원소의 기본 구조에 인간이라는 생각의 이온 칼슘이 결합되어 생성된 지구 구조물이라는 것을 잊지 말아야 한다.

그 때문에 우리는 대기와 땅과 생명 즉, 지질학과 생물학을 알아야 하는 것이다. 이 모티브는 과학운동이 아니다. 우리를 근원으로 인도하는 또 하나의 철학과 사상이기 때문에 그러하다.

그렇다면 좀 더 근원으로 돌아가 보자. 처음의 세포의 작용이다. 이 명제는 언제든 살펴보아도 지나치지 않은 지루할 틈이 없는 명제 중 하나이다. 이 대하드라마는 시작이 진핵세포와 미토콘드리아부터 시작하는 서사시이다.

미토콘드리아는 진핵의 안으로 들어가서 공생하기를 택하였는데 이 때의 유전자는 약 13개밖에 없었다. 이때 원핵세포도 존재를 이어 가는 유일한 방법은 유전자를 버리는 방법이었다. 즉, 숙주세포에게 유전자를 그냥 준 것인데 이것은 진핵세포와 미토콘드리아가 서로 공생하기 위해, 즉 서로 살기 위해 생명을 혼합한 것이다.

이때부터 지금까지의 생각의 흐름을 만들어 내기 위해 단백질의 종류를 10만개 이상 만들어 내었다.

처음의 시아노 박테리아. 양성자가 필요해서 광자포톤시스템으로 물을 분해하고 양성자 수소를 빼앗고 그것에서 나온(팔) 전자로 생명의 사이클을 돌렸던 시스템이 바로 빛을 이용한 합성 시스템이 등장한다.

광합성이 등장한 것이다. 이것이 생명의 연출이다. 이것을 말하기 전에 이미 있어 왔던 무생명. 광물의 원리는 재결정을 택하였다. 그래서 생물은 진화했고 광물은 진화가 없었다.

우리의 숨은 산소를 마시는 것이다. 그리고 버린다. 이산화탄소를 말이다. 이것은 외부의 대기가 우리 몸의 일부가 되었고 잠깐 후에 우리 몸의 일부가 대기가 되는, 즉 우리의 숨이 바람이 되는 것이 바로 생명

현상이다.

생명의 본질은 CO_2다. 카본의 연결 구조는 서로 전자의 팔로 인해 꼭 붙잡고 있는 공유결합이다. 그렇기에 생명 법칙만이 이것을 탈취할 수 있고 나중에 다시 자연으로 돌아가는 것이다.

무생물에 대해서 광물은 어떠한가. 광물의 본질은 카본이 아니다. 규소이다. $C+O_2$가 생명이라면 $Si+O_2$는 광물이다. 엄밀하게 말해서 유리 결절인데 바로 모래인 것이다.

모든 광물의 출발은 모래에서부터 시작하여 모래로 끝이 난다. 그래서 광물은 생각이 없다. 그냥 원에서 시작해 원으로 끝나기에 생각이 필요 없었던 것이라고 보아야 적당하다.

우리의 생각은 필요해서 만들어진 것이 아니다. 살기 위해 만들어진 것이다. 그 때문에 생각도 철학적인 관점으로 깊이 정의하지 말고, 진정 나는 존재하기에 고로 생각하는 것을 자연은 알려 준다.

광물의 입장에서는 이러하다. 나는 존재한다. 고로 물이 필요하다.

광물은 다른 요소로는 절대 변이를 일으키지 않는다. 단지 광물을 변화시키는 요소는 수소 두 개와 산소 한 분자가 결합된 물밖에 없다.

이것은 지구상의 표면 위에 있어야 되는 모든 종을 대변한다. 생물은 변이 때문에 천만 종[207]이 발생하였다. 그 종류만 해도 가히 천문학적인 숫자이다. 하지만 광물은 고작해야 4천500종을 넘지 못했다. 변이가 필요 없었기 때문이다.

물이 필요해진 광물. 어찌 보면 우리의 상대적 대상자인 것이다. 우리와 공존하기를 거부한, 그래서 생명이기를 포기한 하나의 정확한 존

---

207) 동물 왕국.

재였던 광물을 우리는 쪼개어 볼 필요가 있다. 전 파트에서도 간략하게 기술된 바 있는 광물의 흐름이다. 그것은 곧장 우리의 생각이자 존재 이유일지도 모른다.

한순간에 우리는 주변에 있는 모든 것들에 관심을 잊는다. 우리 외부에 있는 모든 것들이 그렇게 우리를 짧은 시간에 떠나간다. 아쉬울 따름이다.

하지만 우리는 다시 본질에 관심을 돌린다. 우리 말고 외부세계에 말이다. 우리 안에 있는 미토콘드리아의 활동을 세포와 함께 느낄 때마다 우리는 다시 눈을 돌린다. 고맙게도 우리는 외부의 고마움에 대한 고마움을 느낀다.

자연의 창의성

전 인류의 인구를 10억 명가량 늘려준 일생일대의 큰 사건이 우연히 독일의 세계대전 사이에 있었다.

바로, 비료 공법이라고 한번쯤 들어본 바 있을 것이다. N2 질소에 수소 3분자와 만든, 독일인 천재 화학자 하버[208]가 만들어 낸 비료 공법이다. 이것으로 인해 인구는 급격하게 불어났다. 그것도 전쟁 중에 말이다.

바로 암모니아다! 유명한 화학식이다. 단지 자연적으로는 절대 만들어지지 않는다. 오직 번개 당시 눈 깜박일 때만 빼고 말이다.

그런데 자연은 이것을 간단하게 만들었다. 바로 박테리아[209]를 통해 말이다. 이 자연이라는 현상이 만든 분자식은 이러하다.

N2 + 6H + 6e--------2NH3

6분자의 수소와 바로 전자를 가지고 말이다. 인간의 여러 조건에 충족하는 그 많은 조건의 상황에도 자연은 힘 안 들이고 간단하게 이러한 분자식을 생각해 냈다는 것은 진정 놀라운 일이 아닐 수 없다.

우리의 선조 박테리아는 미토콘드리아와 손을 잡았다. 그럼으로써포

---

208) Haber-Bocsh.
209) 초기 생물.

기한 모든 것들이 위의 수식처럼 현명한 생각으로 행하여졌음은 자명하다.

우리 인간으로 오기까지는 수많은 우여곡절과 여정이 있었지만 결국 단세포에서 다세포 동물로 성공하면서 박테리아는 자신의 임무를 잘 수행한 것이 되겠다.

지구상 모든 일이 산소와 만나는 것에서 발생하였다고 필자는 강조하였다. 이 모티브는 항상 자연이라는 현상이 지닌 창의성이다.

정확한 일은 생각에서 비롯된다. 누군가는 미리 있었던 것을 발견하는 것은 쉽다고 한다. 우리가 모르는 새로움은 자연이 이미 다 가졌다. 진정 무에서 유를 창조하는 것은 이미 자연이 다 해 놓았다.

그럼 무엇을 창조하라는 말인가? 단지 섭리만 이해하고 자연에서부터 빼 오면 된다. 아인슈타인은 이 원리를 알고 있었다. 그는 인간이라는 문명, 즉 인간관계에 속하지 않으려 했고 자연과 친해지려 노력했던 사람이다. 그리고 언어에 능숙하지 못한 난독증 환자였다. 자연에서부터 무언가를 가져오려 하면 자연과 친숙해져야 한다. 그러자면 인간이 성립해 놓은 인공에서부터 멀어져야 가능성이 생긴다.

그 대표적인 것이 바로 언어라는 매체이다. 반드시 언어와 자연은 서로의 상반되는 개념은 아니지만 대부분 대가들이 글자와 이미지의 생각을 상반된 논리로 보고 있고 상당 부분 이 이론이 맞다.

아인슈타인이 했던 이야기가 있다. 유일한 친구였던 그로스만[210]이 사망하자 보낸 애도의 편지에서 이런 말을 했다.

---

210) 아인슈타인의 동료.

"우리가 함께했던 그 시절이 떠오릅니다. 나의 친구는 모범적 학생이었고 나(아인슈타인)는 늘 어딘가 어수선하고 공상에 빠져 사는 학생이었죠. 나의 친구 그로스만은 늘 교수님과도 친했고 대화를 잘 나누었으며, 모든 관계가 좋았고, 모든 것을 쉽게 이해했지만… 나는 사람들에게 늘 쌀쌀맞고 늘 불만에 가득 차 있어서 그런지 인기가 없었습니다. 그러다가 학창시절이 끝날 때쯤, 나는 모두에게 버림받았고 어디로 가야 할지도 모른 채, 힘겨운 삶과 마주하게 되었습니다. 그러나 그로스만은 내 곁에 있어 주었고 나중에 특허청 자리에도 몸담게 해 준 소중한 인물입니다. 그가 없었더라면 나의 지적인 발전은 거기서 끝나 버렸을지도 모릅니다."[211]

이 편지의 내용을 놓고 미루어 보았을 때 아인슈타인은 언어적 유실에 가까운 소통기능으로 괴팍한 성격에 외톨이였을 것으로 추정된다.

또한 학교를 거치면서 지금 뛰어난 업적을 가진 성과를 올렸음에도 그 당시의 논문은 거절당하고, 교과 과정을 회피하는 등의 명성과는 상반된 내용을 보이기도 한다.

하지만 결국 그는 인류역사상 최고의 과학자가 되었다. 뉴턴과 아인슈타인의 양대 혁명은 그 누구도 절대 부정 못 하는 절대 권력의 양분으로 자리 잡았다.

즉, 그의 언행과 말은 어눌하고 느렸지만 세계는 결국 그의 이미지에 대한 생각에 찬사를 보내게 된다. 대체 그 무엇이 그로 하여금 세상이 생각지 못한 물리학의 방정식을 세우도록 유도하였을까?

인간의 입장에서의 생각이 아닌, 자연이라는 과학자의 입장에서 생

---

211) 낸시 C. 안드리아센 저, 유은실 역, 『천재들의 뇌를 열다』, 허원미디어, 2006.

각한 이미지였을 것이다. **쉬운 것을 어렵게 생각하고 어려운 것은 오히려 쉽다고 생각**한 그에게서 우리는 자연의 유일한 창의적 이미지에 대한 단서를 얻을 수 있다.

뇌,
새로운 기억

우리의 기억법 중에서 자동연상법이라는 것이 있다.

어떤 곳이나 어떠한 무엇을 보면 자동적으로 연상시키는 것을 말한다.

이러한 기억은 서술기억에 그 뿌리를 두는데 일화기억이 장기간 적용되면 '그것은 그것이다'라고 개념적으로 알고 있는 것을 처리하는 방법을 말한다.

생각과 기억은 우리 자신을 만든다고 기술한 바 있다. 우리의 의식은 항상 있어 왔고 행하여졌던 것은 더 이상 의식을 집중시키지 않고 무의식적으로 처리한다.

한 가지의 예로 사물함 문의 비밀번호 누르기 등 이러한 것은 예전의 기억을 굳이 의식적으로 떠올릴 필요가 없다. 단, 처음에 몇 번 정도는 의식적으로 떠올려서 기억 숙달을 해 주어야만 무의식으로 내려 보내는 것이 가능해진다.

이것은 전형적인 학습논리이다. 우리의 뇌가 스스로의 가소성으로 인해 했던 일을 더욱 잘하게 되고 나중에는 신경 쓰지 않고 잘할 수 있는 선수가 된다는 사실은 여러 가지 사례를 통해 이미 전부 밝혀진 바 있다.

그런데 여기서 좌뇌가 하는 기억법과 우뇌가 하는 기억법이 다르다는 것은 그리 많이 밝혀져 있지 않다. 요즘은 좌우 뇌의 이분법적인 나눔의 논란이 커지고 있다. 하지만 분명이 이 둘은 서로 현저한 입력 차이를 보인다는 것이 아직까지의 필자의 논리이다.

일단 먼저 가장 중요한 차이는 좌뇌가 우리 몸의 우측을 통제한다는 사실이다. 그 때문에 왼손잡이는 반드시 우뇌의 기능이 증폭되어 있음이 확실시된다. 좌뇌는 언어적이며 수리적인 경향을 띤다. 또한 이성적인 뇌임에는 틀림없다.

그런데 우뇌는 감각적이고 감성적인 측면과 공간상의 좌표를 확연히 드러내는 것이 실험을 통해 확인된 바 있다.

앞 파트에서 이미지 사고를 언급한 바 있다. 아인슈타인은 "나는 언어로 사고하고 생각할 때는 언어로 하는 것보다는 움직임이 활발한 영상으로 사고한다. 이렇게 사고한 이미지를 나중에 비로소 언어로 바꿔 놓는다"고 말했다.

그렇다. 분명 좌뇌의 언어는 정확함을 가지지만 진정 이미지보다 제한적이다. 또한 "나는 분명히 직감과 영감을 믿는다!"[212]

이러한 부분을 비춰볼 때 엄격히 **이미지 상상**은 과학의 연구에서 실제로 존재한다. 이러한 이미지 상상을 하는 사람들의 공통 주장을 정리해 놓은 사례들이 설득력을 가진다.

첫째, 이미지로 상상하는 난독증은 양손잡이인 경우가 많다.

둘째, 이들의 글은 일반 사람들이 잘 알아보지 못하는 문장이 많지만 거울을 비추어 거꾸로 읽으면 손쉽게 읽힌다.

셋째, 이들은 언어를 배우는 시간이 평균적으로 볼 때 길다.

넷째, 이미지로 상상하는 사람들은 행동이 어눌하고 서투를 때가

---

212) 레오나르도 다 빈치의 말.

있다.

다섯째, 언어의 철자법을 혼동할 때가 많다.

여섯째, 대표적으로 인지능력과 지각능력이 정상임에도 글을 잘 읽지 못한다.

일곱째, 다른 장애를 동반하는 경우가 흔하다(평형감각).

이러한 대표적인 경우는 그 유명한 천재 아인슈타인뿐 아니라, 다 빈치가 있다.

16세기 한 세기가 시작할 때 다 빈치는 북부의 아펜니노 산맥, 고지대 이탈리아에서 조개껍데기 몇 개를 줍고 수세기 전 여기가 바로 바다였음을 단번에 맞추었다.

이것은 언어로 생각하는 사람은 도저히 논리적으로 납득하기 힘든 사실이다. 좌뇌에 의한 사고는 논리적이기 때문에 산 위에 있는 조개는 단지 등산가들이 등산하고 난 후 버려 둔 껍데기에 불가한 것으로 생각하는 것이 훨씬 설득력 있기 때문이다.

그렇다면 중요한 문제에 봉착하게 된다. 정녕 논리적인 사고와 창의력은 서로 맞지 않는 것인가? 현재까지의 이론은 그러하다. 가장 뛰어난 창의성은 늘 가까운 곳에 있듯 말이다.

지금까지는 우리는 생각과 창의력이 어떻게 유추되는가를 생화학적 관점에서 바라보았다. 수많은 세포에 대한 이야기도 했고, 또한 지사학에서부터 물리까지가 생각에 어떻게 연결되는지를 살펴보았다.

세포의 관점을 이제는 벗어나서 원래의 실체로 돌아올 필요가 있다. 우리가 생각할 수 있는 바탕을 만들어 준 예전 인물들을 이젠 돌아볼 때이다. 이러한 업적의 천재들을 파헤치는 것은 중요한 대목이다. 이 주요한 부분을 살펴보자.

PART 04

천재로부터

이론과 천재들

우리는 항상 천재들을 찬양한다. 그들 한 명 한 명이 세운 이론들이 너무나 위대하고 매혹적이기 때문이다. 수학, 천문학, 지질학, 생명공학, 의학, 예술 등 이러한 모든 분야에 각기 배치되어 있고, 세워진 이론들은 너무나 철저하고 정확하고 확고하여 근처에도 가기 힘든 그런 힘을 가진다.

그렇다면 이들은 어떻게 하여 이러한 위대한 이론의 발상을 하게 되었는가 궁금하지 않을 수 없다. 여기서 인간의 위대함과 뇌의 한계성 내지는 생각의 확장성을 이야기할 수 있다.

각기 다른 분야에서 어떠한 발상의 출발일까? 한 가지 분명한 것은 그들은 어떠한 것보다 그 생각 자체를 재미있어했고 스스로 즐겼다는 것이다.

뭐든지 동기와 발상은 생각의 반복에서 출발한다. 그것은 분야마다 동일하다. 어떤 분야는 이처럼 많은 일들을 이야기로 엮어야 풀리는 생각이 있다. 또 어떠한 분야는 이야기로 풀어서는 근처도 가지 못한다. 이처럼 다 접근하는 방식조차가 다르다. 하지만 이런 차이는 그들에게는 단지 놀이에 불과했다.

그러면 그 무엇이 그들로 하여금 인류가 놀랄 만한 발상을 하게 만들었을까? 이제부터 그 이유를 파헤쳐 보아야겠다.

인간은 무엇이든 해야만 하는 동물이다. 의미 없이 가만히 있지 못한다. 아니 그 자체가 불가능하다.

요즘은 멍 때리기 대회라는 것이 있다. 이러한 행위조차 아무 생각을 하지 않도록 의도하는 것이 바로 생각에 의해 출발하는 것이므로 모든 행위 자체, 즉 가만히 있는 동작 행위조차 뇌에서는 칼슘이온을 필요로 한다.

앞서 우리의 생각은 칼슘이라고 했다. 이러한 이온의 활동은 그냥 지나치는 잡담부터 불면의 이론에 이르기까지 똑같이 작용한다.

똑같은 작용의 이온 칼슘이 왜 그토록 큰 차이를 만드는가? 이러한 보고서의 내용은 먼저 그 천재들이 걸어왔던 길을 먼저 살펴봐야 이야기가 된다.

그러면 이제부터 그 천재들을 되짚어 보자.

레오나르도 다 빈치

이 대가는 너무나 유명하고 그에 따르는 설화가 많아 신성시되었고 미스터리한 에피소드까지 달고 다닌다. 그 유명한 역작 「모나리자」는 너무나 미소가 아름다운 나머지 흉흉하여 제작 당시 알지 못하는 신령적인 부분과 결합되어, 즉 빙의가 되어진 상태에서 그려졌다고 말이 나올 지경이니 어느 정도인지 가늠할 수 있을 것이다.

그 연유는 이러하다. 모나리자는 현재 프랑스 루브르 박물관 제1홀에 있는데 그곳은 근처에 가지 못할 정도로 관람객의 호응도가 좋은 편이고, 은은한 빛과 방탄유리에 보호되어 평생 유리를 벗지 못하는 운명에 처해진 그림이라 할 수 있다.

중요한 부분은 이 모나리자의 표정은 보는 각도에 따라 달라진다는 것이다. 당시 스푸마토 기법[213]의 트릭 표현으로 애매하게 눈과 입꼬리를 흐려 놓은 나머지 그림 안의 눈, 즉 시선은 가는 곳마다 관람자를 따라오는 듯하고, 입은 웃는 듯 웃지 않는 묘한 표정을 선사한다.

이러한 착시현상은 그 유명세를 입고 더욱더 퍼져 나갔고, 미스터리한 신화적 이야기가 달라붙게 된 것은 어쩌면 당연한 결과이다.

그런데 이러한 그림은 우연히 탄생한 것일까? 바로 여기서 한 인간이 왜 위대해지는지가 판가름 난다. 다 빈치는 이 모나리자의 비율과 표정을 확보하기 위해 10구가 넘는 시신을 해부했다.

---

213) 회화 기법 중의 하나.

바로 이 특이한 열정이다. 아무것도 아닌 단지 열정이지만 이러한 집념이 새로움을 낳게 하는 원동력이라 말할 수 있다. '단지 그림을 위한 해부학이면 그것이 의미가 있을까'라고 평균적으로 생각했을 듯하다. 항상 모든 일이 적당히 하면 차이가 별로 없기에 정도껏만 하고 적당히 한다.

이러한 차이에 대한 해석은 해 본 사람만이 알 수 있고 볼 수 있다. 간단하게 '무엇을 위해, 어떠한 차이를 위해'라는 이해득실의 차원과 개념에서 한발 더 나아간 것이다.

그것은 일종의 자가 만족이다. 스스로 원하고 원해서 절실함이 있는, 타인이 이해하지 못하는 그 무엇이겠다. 이 동기는 창의력에 있어 부득불이다. 이러한 동기와 발상은 바로 기존에 있지 않았던 이론으로 바로 이어진다. 작고 큰 어떠한 것이 아니라 새롭고 산뜻한 것으로 말이다. 그럼 단지 이러한 만족을 맛보기 위해 다 빈치는 10구의 해부를 선택한 것인가?

일반인들이 모르는 작은 차이가 그에게서는 반드시 알아야만 될 절대적 지식이었을 것이다. 그것이 무엇이겠는가? 이러한 미스터리가 지금 현재 모나리자에 남아 있는 미스터리일 수 있다.

일단 살펴보자. 태생부터 다 빈치는 빈치라는 마을에서 태어났으므로 다 빈치라 이름 붙여졌으며, 어릴 때부터 사고가 남달랐다고 한다.

레오나르도 다 빈치, 「손」

여기에서는 그가 보여 주는 소묘의 섬세함은 시신 10구와 닮아 있다.

다 빈치는 동성애자였다. 섬세한 손길은 시신의 손을 해부하여서가 아니라 어쩌면 감성이 섬세해서인지도 모른다. 하지만 그의 사생활은 그의 삶의 개방적인 기록과 활동력으로 많은 기록이 남겨져 있다. 그가 쓴 글은 양이 많아서 1651년에 논문으로 처음 출간되었다. 미술과 과학에 관한 내용이 반반이었다. 하지만 그는 내용적으로는 우수한 논문을 작성하였지만 글이 중복되고 짜임새가 없었으며 문법적으로 문제가 있어 난독증을 여실히 드러내었다.

그의 노트 중에서는 이런 대목이 있다.

"회화는 볼 수 있는 시, 시는 볼 수 없는 회화."[214)]

다 빈치는 이러한 구절을 통하여 화가의 창조성이 시인에 결코 뒤지지 않음을, 어떠한 부분에서는 회화가 시보다 완벽하게 재현하는 특권을 지니고 있음을 분명히 알렸다.

이러한 대목들은 그가 얼마나 회화를 갈구했는가를 알 수 있다.

의학을 위해서도 아니다. 과학을 위해서도 아니다. 오직 회화를 위해서 원하고 또 원하고 너무 원해서 되어 버린 모나리자 앞에서 우리는 500년을 관통하는 불변의 법칙을 알 수 있는 것이다.

바로 색다름이라는 것! 모든 천재가 그렇듯이 그도 지칠 줄 모르고 일했다. 그는 화실에서 먹고 자는 생활을 했는데, 다행히도 하루에 몇 시간만 쉬면 되는 몸의 리듬을 가지고 있었던 것으로 보인다. 덕분에 날마다 남는 거의 대부분의 시간 동안 끊임없이 수학을 연구하고 도형의 기하학 비밀을 풀고 과학을 설계하고 여러 가지 실험 자재로 연구할 수 있었다.

단 한 가지 결점은 아이러니하게도 끈기 부족이었다. 그는 대형 기마상을 만드는가 싶더니 곧바로 신형 대포를 제작해야겠다는 생각에 그 일을 옆으로 밀쳐 버렸다. 또 대포는 겨우 시작했을 뿐인데 얼마 안 가 시장에서 팔리는 플랑드르 물감보다 더 나은 물감을 만들고 싶은 유혹을 느꼈다.

이렇게 쉴 새 없는 두뇌 활동에 레오나르도는 한 번 시작한 일을 끝까지 마무리한 경우가 드물었다. 이러한 정신력으로 무엇을 할 수 있었겠냐는 의문을 제기하는 사람이 있을 수 있겠다.

---

214) 피터 머레이·린다 머레이 저, 김숙 역, 『르네상스 미술』, 시공아트, 2013.

그런데 그는 이미 완성을 생각해 두었다. 그 많은 지식과 연구로 인한 완성의 단계는 이미 그를 자극하지 못했다. 따라서 그의 동기부여를 자극하는 모든 것으로 그에게 의미를 주는 것만을 원했다. 이미 있어 왔거나 이것이 아니라고 판단될 경우에는 일찌감치 에너지 소비를 막았던 것이다. 그 때문에 미완성으로 남겨져 있는 작품들이 많았던 것이다.

이러한 것들은 그를 대표한다. 미완성이 많으니 아쉽기도 하다. 분명히 이러한 작품들은 완성되었더라면 미술사를 대표하는 작품이 되었을 것인데 말이다. 이러한 것들은 항상 아쉬운 부분으로 남아 있지만 이러한 시적 영감을 유지한 덕에 그는 임종할 당시 메모에 이런 글을 남겼다.

> *"하루하루를 의미 있게 보내면 꿀잠을 잘 수 있듯, 의미 있는 삶을 살았다면 행복할 수 있겠다만, 평생에 의미 있는 일을 하나도 하지 못한 것이 한스러울 뿐이다."* [215)]

이것은 무엇을 뜻하는가? 삶과 죽음이 하나의 개념이라는 것이다. 무상의 개념과는 조금 틀리다. 일찍이 그는 삶과 죽음을 하나로 보았다는 것이다.

우리의 생명의 상징인 세포는 공유결합이다. 그 결합에서 6개 카본팔을 하나하나씩 끊어 놓는 작업이 죽음이라는 선물이다. 따라서 하나씩 분리된 이 카본은 산소와 결합하여 공기 중으로 날아간다. 우리의 호흡이 바람이 되어 사라지는 것이다. 이것을 과학이라고 보았을

---

215) 피터 머레이·린다 머레이 저, 김숙 역, 『르네상스 미술』, 시공아트, 2013.

때 이미 레오나르도는 철학적으로 이것을 통찰력 있게 보았던 것이다.

다 빈치는 1519년 5월 2일 생을 마감한다. 그 많은 업적을 남기고 말이다.

모나리자의 비밀

여기서 중요한 것은 그가 그의 작품과 노트 그리고 사상들이 훗날 어떤 역할을 하게 될지 몰랐다는 점이다. 이것은 사적으로 상당히 중요한 의미를 가진다.

사턴[216]은 말했다.

> *"그의 작품과 기록들은 시간이 지나도 미학적으로 결코 양립하는 것이 아닌 절대적 진리임을 나타내 주는 증거이다."[217]*

이것은 시대적으로 유명한 작품과 창안은 시간의 흐름에 속하지 않는 독립적인 것이며, 불변하는 진리인 것을 대변한다 하겠다.

우리의 숨이 바람이 되어 흔적 없이 사라지지만, 독보적 생각은 기록으로 남는다.

---

216) 조지 사튼(George Sarton).

217) 피터 머레이·린다 머레이 저, 김숙 역, 『르네상스 미술』, 시공아트, 2013.

알버트 아인슈타인

1916년 아인슈타인은 한 인터뷰에서 이렇게 말했다.

"나는 언어로 생각하는 경우가 거의 없습니다. 어떤 생각이 먼저 떠오르면 나중에 그것을 언어로 표현하려고 애를 쓸 뿐입니다. 따라서 지식보다는 상상력이 더 중요합니다. 왜냐하면 지식은 한계가 있지만 상상력은 온 세상을 다 포함합니다. 내가 생각하기로는 지식보다 상상력이 훨씬 중요합니다. 어떠한 지식을 접할 때 백과사전을 쓰려고 하는 것보다, 「아라비안 나이트」를 쓰려고 접근하는 것이 훨씬 좋습니다."[218]

이처럼 과학과 문학은 서로 보완 관계에 있다.

이러한 이야기들을 놓고 보았을 때 이론을 쌓아 가는 것은 정확하게 스스로의 지적 관계 형성이라고 볼 수 있다. 대부분의 과학자들은 창조된 발명품과 이론에 대하여 고도의 검증 가능한 논리적 사고만이 이를 검증하는 유일한 수단이라고 한다. 하지만 그는 결코 위대한 사고는 언어로 풀이될 수 없다고 한다.

아인슈타인이 왜 천재이며 그의 이론들이 왜 그렇게 획기적이며 혁명적일 수밖에 없었는가는 벌써 정해진 것일지도 모르겠다. 또한 그의 기록에서 "자연의 근사한 비밀은 그냥 내어 주지 않는 법이다"라고 했다.

---

218) 낸시 C. 안드리아센 저, 유은실 역, 『천재들의 뇌를 열다』, 허원미디어, 2006.

이것은 정확한 표현 의도가 아닐 수 있다. 따라서 깊이의 차원을 가지고 있었던 것일 수도 있으므로 성취의 가치는 성취하는 과정에 있다.

언제든지 모든 일에는 순서가 있다. 지식을 쌓는 일도 그러하다. 또한 인생을 사는 일도 그러하다.

그는 수학적 사조와 함께 철학적인 사조도 함께 품고 있었다. 대표적인 것이 인생에 대한 언급이다.

> *"인생을 살아가는 데는 오직 두 가지 방법밖에 없다. 하나는 아무것도 기적이 아닌 것처럼, 다른 하나는 모든 것이 기적인 것처럼 살아가는 것이다."[219]*

단지 이 두 가지 사안, 생각하는 방법과 인생을 사는 방법. 이것만을 놓고 보더라도 아인슈타인은 비범한 사람임에는 틀림이 없다.

그런 그가 공부는 잘하지 못하였다고 하니 아이러니다. 예로부터 물리학의 시초는 뉴턴이라고 보면 된다. 그전에는 물리학이라는 학문조차가 없었고, 그 창시자가 뉴턴임을 부인할 학자는 거의 없을 것이다.

뉴턴의 법칙들은 아래와 같다.

1. 관성의 법칙
2. 작용 반작용 법칙
3. 만유인력 법칙

이것은 물리학의 시초를 알리는 공식이었다. 좀 더 구체적으로 포스

219) 낸시 C. 안드리아센 저, 유은실 역, 『천재들의 뇌를 열다』, 허원미디어, 2006.

(힘)는 질량 곱하기 가속도이다. 이것으로 끝났다. 모든 지구 현상을 다 설명해 버린 것이다. 따라서 f=ma는 논리는 물리학의 알파와 오메가가 확실하다.

그럼 아인슈타인은 무엇인가? 그가 했던 명언 중에 빼놓지 않고 등장하는 명언이 있다.

"나는 단지 거인의 어깨 위에 있을 뿐이다." [220]

그럼 아인슈타인은 이런 큰 이론에 무얼 더 추가한 것인가? 무엇이 빠졌기에 거의 뉴턴과 대등할 정도로, 아니 어쩌면 그보다 더한 이론의 창시자가 되었을까?

뉴턴은 지구상의 모든 물리를 설명했다. 아인슈타인은 우주의 모든 물리를 설명한다. e=mc2로 말이다. 이러한 방정식들로 세상의 혁명이 된 것이다.

부연 설명을 덧붙이자면 뉴턴이 떨어지는 사과를 보며 지구의 중력에서 일어나는 모든 힘과 속도의 원리를 상상해 수식으로 풀었으며, 아인슈타인은 여기에서 빠져 있던 **시간, 공간의 개념**을 추가한 것뿐이다.

이 개념은 지구상에서 있을 법한 시공간 개념, 즉 마찰이 있고 대기가 있으며 중력이 있는 공간에 흐르는 시간이 아닌 4차원, 즉 우주의 시공간에 불변하는 것이 무엇인지 관찰 의도를 벗어난 생각이었다.

어떻게 이런 생각을 하게 되었을까? 진정 이러한 개념들은 어렵다. 1905년 특수 상대론이 발표되기 이전에 그는 그동안 잘못된 논문을 수도 없이 발표하고도 스스로 잘못된 이론인 줄을 모를 정도였으니 말

---

220) 낸시 C. 안드리아센 저, 유은실 역, 『천재들의 뇌를 열다』, 허원미디어, 2006.

이다. 그리고 당대의 내로라하는 모든 물리학자가 상대성이론이 발표되고 5년 동안 이것이 무슨 말인지 알지 못하였으니 말이다.

그럼 어떠한 이론이기에 이처럼 난해함을 내포하고 있을까? 이 이론은 지구의 모든 상황을 벗어나 보아야 이해를 한다.

그렇다. 우리는 지구라는 세상에 갇혀 그것이 다인 것으로 생각했던 것이다. 지구를 벗어난 시공간을 '장'이라고 표현하는데, 여기서 그 중요한 중력장 방정식이 탄생한다.

$$R_{\mu\nu} - \frac{1}{2} R \, g_{\mu\nu} + \Lambda \, g_{\mu\nu} = \frac{8\pi G}{c^4} T_{\mu\nu}$$

이것이 우주의 구불구불한 필드, 장을 계산하는 공식이다. 무슨 외계어 같다. 이것을 보며 우리는 칭송했다. 실로 그 뜻을 정확히 알지도 못했으면서 말이다.

그런데 또 알고 보면 의미는 간단하다. 지구에서는 시공간이 변하지 않는 값인데, 우주에서는 시간과 공간은 불변이 아니고 상대적으로 완벽하게 변할 수 있다는 것이다. 공간은 찌그러질 수 있고 울렁거릴 수 있으며, 시간은 영원히 가지 않을 수도 있고 빠르게 갈 수도 있다. 이것의 간단한 예가 바로 블랙홀이다.

그러면 불변하는 절대적인 기준은 무엇인가? 우습게 그것이 **속도**라는 것이다. 그냥 속도도 아니고 광속 말이다. 바로 이러한 점이 당대의 물리학자들을 난처하게 만들었던 요소이다.

당시 한 과학자가 이러한 발표 당시 "지금 나는 이렇게 정지하고 있소! 그런데 무슨 광속이란 말이오. 엉뚱하게 정말"이라고 했다. 아인슈타인은 대답했다. “바로 그 엉뚱함에 진리가 있었소. 나도 그것을 알기까지 수많은 시간을 보내야만 했소.”

그렇다! 정답은 광속이었다. 지구 밖의 우주 상황은 정확하게 광속으로 움직이고 있다. 달에서 보면 우리 지구가 초속 16㎞로 움직이듯 말이다.

여기서 다시 알 수 있는 것은 사고의 폭이다! 진정 언어로 모든 것을 다 생각하고 표현할 수 없다. 아인슈타인이 이것을 어떻게 알고 이미지 사고를 했을까?

필자는 이것부터가 위대하다고 본다. 마치 자폐 아동이 어떻게 말이 뛰는지 알고 생생하게 생각해낼 수 있으며, 그렇게 그린 것이 훨씬 더 역동적이듯 말이다.

단언컨대 아인슈타인도 고기능 자폐인이었다고 본다. 보통의 사고로는 보통의 것만을 입력할 수밖에 없다. 보통의 입력은 보통의 출력밖에 낼 수 없다.

우리가 칭송해 마지않는 이러한 위인들이 우리에게 알려 준 유일한 생각은 하나. 엉뚱한 생각들을 해 보라는 것이다. 논리적으로만 생각하지 말고 말이다.

자폐인은 특이한 입력을 하고 특별하게 출력한다. 자폐 아동을 둔 부모들은 이러한 것들이 싫어 치료받는다. 사실 무엇이 좋은지 알지 못하면서 말이다. 그 치료의 유일한 방법은 뇌 신경망에 변화를 줌으로 해서 보편적으로 돌아올 수 있는 치유가 가능하다는 것이다.

그런데 여기서 중요한 것은 자폐의 뇌 신경망은 우리보다 떨어지는 게 아니라. 분명히 뛰어나다는 점이다.

이러한 우수한 신경망을 가지고 억지로 보통으로 만들고자 함은 무엇을 위함인가?

아인슈타인이 했던 이야기가 이 시점에서 다시 떠오른다.

"지식보다 상상력이 더 우수합니다. 지식은 한계가 있지만 상상력은 온 세상을 다 포함합니다. 마지막으로 우리는 어떠한 상황이든 최선을 다해야 합니다. 바로 그것이 인간으로서 우리에게 주어진 책무입니다."[221]

---

221) 낸시 C. 안드리아센 저, 유은실 역, 『천재들의 뇌를 열다』, 허원미디어, 2006.

빈센트 반 고흐

정신분열이라고 들어봤을 것이다. 정신분열을 요즘 표현으로 정의해 놓은 것이 조현병이다. 사회의 큰 이슈와 그 의미가 동시에 회자되고 있는 요즘, 뉴스에서 심심찮게 나오는 살인사건의 주인공이 그 서글픈 드라마의 역이다.

먼저 조현병이란 무엇인가. 조율할 조에 악기 현 자로 풀이한다. 즉, 무엇을 조율한다는 뜻인데, 이때는 마음을 조율하는 것이다. 따라서 마음을 조율하지 못해 생기는 병으로 약물투여를 멈추면 심각한 장애로 구획될 수밖에 없다.

자신의 시각과 청각피질이 누구를 죽이고 해하라고 시키는 꿈과 같은 편집증세, 이것을 다른 접근으로 빙의나 환영, 귀신으로 해석한다.

이것부터 먼저 정의하는 이유는 다름 아닌 후기 인상주의 대가 반 고흐가 그 서글픈 드라마의 주인공이었기 때문이다. 결국 그는 스스로 괴로워하다가, 스스로를 죽이고 마는 주인공이다.

왜 이렇게 해야만 했을까? 그 이유보다 먼저 볼 점은 아이러니하게도 그의 정신 착란이다. 즉, 발작이 없었더라면 그는 천재의 대가 반열 근처도 오지 못하는 단지 능력 없는 사람에 불가했을 것이라는 점이다.

그런데 왜 발작이 그의 예술적 천재성과 맞물려 있을까? 격렬한 붓 터치이다. 마치 발작과 신경증에 저항하듯 그려진 터치, 이것은 고흐의 전매특허이다. 이것이 바로 그 유명한 감정이입의 표현주의를 낳게 된 결정적 방법이었기 때문이다. 만약 이것이 아니면 고흐는 아무런 장점이 없었다.

소묘력이 뛰어나 그림을 사실같이 그릴 수 있는 능력은 고사하고 끈기까지 없어서 몇 시간 동안 앉아 있을 수도 없는 주의력 결핍장애에 사랑도 하지 못하는 무능력자였다.

그런데 자연은 그를 미친 듯이 휘두르는 붓의 마법사로 만들어 놓은 것이다. 이것이 과연 천재적 행위일까에 대한 물음이 많다.

결론부터 이야기하자면 분명 천재성이다. 아니, 엄밀한 측면에서 새로운 기법임에 틀림없다. 그 전에는 누구도 붓을 그런 식으로 휘둘러 그린 적이 없기 때문이다.

이것은 엄연히 행위적인 부분에 속한다. 그것은 정확한 부분으로 행위 안에 있는 것들로 이루어진 것들에 대한 기존의 방식이 옳은 것인지 묻는 일종의 확인이라 하겠다.

이것은 재확인이다. 무엇에 대한 재확인인가? 방법에 대한 방식이 예술적으로 어떠한지를 확인하는 것이다.

이것에서 **두꺼운 층의 유화 기법**은 확인을 받았다. 이것을 마티에르, 질감이라는 용어로 부른다.

이러한 표면적인 현상보다 중요한 것은 언제나 중요하게 이어지는 사고의 생각이다. 그것이 정상적 상태이든, 불안정한 상태이든 어떠한 것의 새로운 사고면 충분한 것이다.

고흐는 이러한 미학적 부분을 충족하였다. 우리가 그를 미치광이라 부르지 않고 대가라고 부르는 이유이다. 그러면 기법보다 더 중요한 사상, 즉 **표현주의**[222]란 무엇을 뜻하는가. 말 그대로 표현한다는 뜻이다.

---

222) 서양의 미술 사조 중 하나.

무엇을 표현한다는 말인가? 이것이 이 사조의 중요한 시발점이다. 표현주의가 있기 이전에는 보이는 사물을 표현하기에 급급했다. 그런데 이제는 표현의 대상이 점점 옮겨가고 있다. 내면 안으로 말이다.

그렇다. 내면의 기분과 마음을 표현하는 것이 바로 후기 인상주의로 출발하는 표현주의다. 이러한 개념의 출발이 고흐의 그 불안정한 정서에서부터 꽃피게 된 것이다. 이것은 후에 미술계에 아주 막대한 영향을 미치게 된다. 바로 격정적 터치 하나만으로 말이다.

시대는 단 한 명의 천재만을 낳지 않고 몰아주는 경향이 있다. 르네상스 시대에도 다 빈치뿐만 아니라, 미켈란젤로, 라파엘로 등 천재 삼인방으로 몰아주었고, 후기 인상주의 시대에도 고흐만이 아닌 폴 고갱[223]으로 함께 있게 만들어 주었다.

더구나 이들을 같이 있게 붙여 준 것도 시대의 뜻이었을까? 잠깐 벗어나서 중국 삼국시대 오나라의 주유가 적벽대전 후에 죽어 가면서 남긴 유명한 말이 있다.

> *"하늘이 이 시대에 주랑(주유)을 낳으면 족하지, 왜 공명도 함께 낳았단 말인가."*[224]

이때 공명은 그 유명한 제갈량을 두고 한 말이다. 이것이 뜻하는 바는 무엇인가. 서로 경쟁에서 밀려나듯 시대는 이 능력쟁이를 서로 경합을 붙여 놓았다는 뜻이다.

왜? 서로의 능력을 더욱 발산하기 위해서 말이다. 그렇다. 고흐와 고

223) 상징주의 대가.
224) 나관중 저, 이문열 평역 역, 『삼국지』, 민음사, 2002.

갱도 서로 친밀해서 같이 동거동락했었지만 경쟁했던 것이다.

친밀한 그 사이, 서로가 서로의 사상을 주고받던 그 사이는 얼마 가지 않고 서로를 비방하며 서로의 예술을 평가절하하던 그 와중에 고흐는 정신병이 돋았다. 자신의 귀를 잘라 버리는 상황에 몰린 것이다. 추측건대 그렇게 아끼던 벗 고갱과 헤어지면 고갱이 남긴 말이 자신의 귀로 들어와 고통을 주었다고 해서 그 원망스러운 통로를 제거한 것이리라.

그 자화상이 이렇게 작품으로 남아 있다.

아픈 고흐

이러한 자화상의 그 이면에는 고흐의 고통이 담겨져 있다. 마치 자신에게 다그치는 듯 표정으로 말이다.

우리는 이것을 미학적으로 성찰이라고 부른다. 이러한 성찰을 깊게 하면 할수록 지독한 예술이 나온다.

렘브란트도 마찬가지이다. 렘브란트 반 레인도 자화상으로 유명하다. 이들은 서로 공통점이 있다. 먼저 네덜란드인이라는 사실은 모두 다 알고 있을 듯하다. 무엇보다 주요한 공통점, 이들은 운명적으로 불행했다는 사실이다. 드라마틱한 삶을 살았다. 이러한 드라마틱한 삶은 어디에서부터 연유되는가?

특히 반 고흐는 광기이다. 그러면 광기라는 것을 직접적으로 천재성과 맞물려 생각해 보지 않을 수 없는데, '광기는 천재성을 증가하게 하는가?'라는 물음이다.

슈만의 예를 보자. 그는 한 번 이상의 자살 시도를 분명히 했으며 1856년 정신병원에서 짧은 삶을 마감하였다. 여기에 걸맞게 디킨스는 슈만보다 더 우여곡절의 시기가 있었고 슈만보다 좀 더 오래 살기는 했지만 1866년까지 20년 가까이 은둔생활을 했다.

그 때문에 디킨스가 쓴 책 대부분은 사후에 출간되었다. 이들의 특징은 정신 치료약을 혜택을 볼 수 없었던 1800년대를 살다간 인물이라는 점이다.

한 가지 분명한 점은 그들의 우울증의 시기에 쓰여졌던 시들은 질적으로 우수하다는 평을 받았다는 것이다. 하지만 이런 것만으로 정신적인 장애와 창조성 간의 관계를 입증하는 것은 불가능하다.

즉, 이러한 천재들이 보여 주는 착란 상태와 창의력은 어디서부터 어떻게 연결되고 있는지 정확하게 밝힐 수 없지만 분명한 것은 두 요소 간의 상관관계의 여지는 여러 대가들이 보여 주었던 상황을 통해 정확하게 드러난다.

볼프강 아마데우스 모차르트

이 유명한 음악가에게서도 이상한 기질이 나타난다. 서번트가 보여준 수학적 계산 능력이었다.

먼저 모차르트는 초등교육을 받지 않았다. 그렇다고 해서 그가 자폐인가? 물론 자폐적 성향은 내포하고 있었지만 자폐 범주에 들지는 않았다.

그의 아버지 레오폴트도 시대를 대표한 궁중 음악가였다. 그 때문에 그의 아버지의 삶과 그 방식은 어린 모차르트에게 그대로 스며든다.

레오폴트는 1763년 궁정 부악장에 임명된다. 대단한 지위이고 영광이었다. 그 때문에 모차르트의 아버지는 항상 가발을 쓴 귀족들에 대해서는 비아냥거리는 태도로 임했다고 전해진다.

이것이 아들 볼프강에게도 그대로 이어지며 나중에 바이올린 교본의 귀족 상향에 대해 빈정거리는 어투를 모차르트에게서도 발견할 수 있다.

하지만 여기에서 분명한 점은 모차르트의 천재성은 그 아비의 천재성에서 기인하였나 하는 것이다.

결론부터 이야기하자면 아니다. 단지 모차르트의 음악적 천재성에 대한 환경의 요소적 측면, 즉 전사조절인자에 영향을 주었음은 분명하다.

유전자는 유전자를 내놓지만 천재성을 내놓지는 않는다. 유명한 대가들, 아인슈타인, 베토벤, 패러데이, 다 빈치, 톨스토이, 세잔 같은 대가들 사이에서 자식들이 천재였다는 소리는 들리지 않는다. 하지만 분명 그 집안이 그러한 천재적 요소를 가진 분위기이면 거기에서 천재가 나올 가능성이 높다.

또한 한 가지 예를 들어 카를 프리드리히는 뉴턴에 견줄 만한 수학자이긴 한데 그 어머니나 아버지는 숫자에 대한 문맹인이었다.

간혹 바흐, 헉슬리 등의 음악가 등은 천재적 집안이었다는 보고가 있지만 말이다. 데이비드 리켄은 그의 저서에서 말하기를 천재의 기질의 물려받을 확률은 약 5% 정도였다고 한다.

모차르트는 18세기 빈 고전주의 악파의 대표적인 인물이며, 오페라, 실내악, 교향곡, 피아노 협주곡 등 여러 양식에 걸쳐 방대한 작품을 남겨 전 시대를 통틀어 음악의 천재 중 한 사람으로 알려졌다.

어릴 때부터 음악에 천재적인 재능을 타고난 그는 4살의 어린 나이에 이미 악곡을 듣고 바로 피아노를 옮겨 칠 수 있는 재능을 보였다. 5살 때에는 작곡을 시작하였고 9살에는 첫 합창곡을 만들었으며 12살에는 첫 오페라를 작곡하기도 했다. 더욱이 음악가였던 아버지의 철저한 음악 교육은 그에게 매우 큰 영향을 끼쳤다.

그의 아버지 레오폴드는 모차르트를 위해 직접 교과서를 만들고 음악여행을 다녔으며, 자신의 지휘자 직책을 내놓는 등 매우 헌신적인 삶을 아들에게 보여 주었다. 하지만 이러한 헌신적인 삶도 모차르트의 일부밖에는 될 수 없다.

정작 중요한 일화는 이것이다. 모차르트가 14살 때 당시 교회 고난주간 홀리 위크 음악을 시스티나 성당에서 연주하였다. 아버지와 모차르트 그리고 누나는 시스티나에 가서 연주를 듣고 왔다.

그다음 날 그 음악적 선율을 다 들은 모차르트는 그것을 악보로 옮기기 시작했다. 당시 르네상스 시대의 전해진 오페라들은 표절 방지를 위해 유명 곡의 악보를 봉해 놓는 관습이 있었다.

후에 모차르트의 악보와 그것을 비교했을 때 100퍼센트 같은 악보로 비교된 그 사실은 모차르트의 뇌가 서번트였음을 반증하는 일화가 되겠다.

이러한 서번트 뇌에 대한 혹독한 훈련의 일환으로 그는 10년간에 걸친 가족 연주 여행을 다닌다. 독일과 오스트리아, 프랑스, 영국, 이탈리아를 돌아다니면서 그는 유럽의 여러 음악 양식을 배우고 유명한 음악가들을 직접 만나는 중한 경험을 한다. 이러한 요소가 합쳐지면서 그는 천재가 되었던 것이다.

그런데 인생은 짧고 예술은 길다고 했던가. 그는 35세로 짧은 일기를 마무리한다. 레퀴엠이라는 일화와 함께 말이다. 죽음의 사인은 수은 중독과 과다 약물 복용의 심부전증이었다. 즉, 레퀴엠[225] 작곡의 지지부진으로 천재는 심한 우울증에 시달렸을 터이고 무리한 약물 복용으로 죽음에 이르게 된 것이다.

모차르트는 죽기 다섯 달 전인 그해 7월 회색 코트를 입고 찾아온 신사로부터 이 곡의 작곡을 신청받았다. 조건이 좋았다. 그래서 서둘러 작곡해야 했지만 바쁜 일정에 쫓기다가 막상 착수한 것은 9월부터였다.

생각과는 달리 작곡의 진도는 쉽게 나아가지 못했다. 그러다 보니 그게 모차르트에겐 엄청난 고통으로 다가왔다. 당시 마음을 대변하는 편지 내용이다.

> *"알지 못할 그 누구의 이미지가 머리에서 떠나지 않아. 내 앞에 늘 그가 서 있는 것 같아. 그는 나에게 '레퀴엠'을 빨리 완성하라고 강요하고 다그치는 것 같아, 지금 내 상태를 보면 시간이 얼마*

225) 레퀴엠: 죽은 사람의 영혼을 위로하는 음악.

남지 않았다는 느낌이 들어. 내 재능을 더 발휘하기 전에 마지막 순간이 올 것만 같아. 앞으로 며칠이나 살지 알 수 없는 법. 운명은 받아들여야 할 뿐이야."[226]

여기까지 모차르트 일화에서도 보이듯 천재성은 뇌 이상 기질을 가지고 있어야 한다. 앞서 언급한 모차르트, 아인슈타인, 다 빈치와 마찬가지로 그들은 사상가나 정치인이 아닌 순수 연구인들이었다. 그 때문에 자폐적 성향과 모순을 안은 삶을 살 수밖에 없었던 것이다.

마차를 타고 홀로 여행을 할 때, 맛있는 식사를 하고 홀로 산책을 할 때, 잠 못 이루는 밤에 홀로 있을 때가 가장 영감이 활발하다. 언제 어떻게 악상이 떠오르는지 나도 모르겠다. 그렇다고 억지로 떠올릴 수도 없다. 나를 기쁘게 해 주는 그 상태를 기억해 둔다. 그러고는 그것을 시도 때도 없이 흥얼거린다. 이런 식으로 계속 하다 보면 결국 재료를 어떻게 활용해서 훌륭한 요리를 만들 수 있을지 알게 된다."[227]

이것이 음악을 사랑한 한 천재의 글이라는 사실이다.

---

226) 리처드 용재 오닐·노승림 저, 『나와 당신의 베토벤』, 오픈하우스, 2016.
227) 리처드 용재 오닐·노승림 저, 『나와 당신의 베토벤』, 오픈하우스, 2016.

아이작 뉴턴

1650년경 외딴 시골 마을에서 고독과 싸워야만 했던 천재가 있었다. 아마 학교에서 집단 괴롭힘을 당하기도 했던 괴짜이다. 그런데 스스로 그 문제를 해결한 뒤 물리학 공부에 눈을 뜬 것으로 알려진, 어떤 의미에서 물리학의 창시자인 그가 바로 **뉴턴**이다

신이 사랑한 천재

"나는 단지 뉴턴이라는 거인의 어깨 위에 있을 뿐이다."[228]

그 유명한 아인슈타인의 이야기이다. 물리학에서 큰 거인은 단 두 사

---

228) 낸시 C. 안드리아센 저, 유은실 역, 『천재들의 뇌를 열다』, 허원미디어, 2006.

람뿐이라고 해도 과언이 아니다. **뉴턴과 아인슈타인이다.** 그들은 왜 그렇게 칭송을 받았나. 세상을 진정 수식으로 다 풀어냈기에 그러하다.

그런데, 이 사고가 특출한 천재 역시 정신이상자였다. 먼저 살펴보아야 할 것이 있다. 그 유명한 뉴턴의 **사과나무**이다. 그리고 이것은 아마도 세상에서 가장 유명한 사과나무가 아닐까 싶다.

아이작 뉴턴의 고향집 앞마당에 있는 이 사과나무는 아직도 살아있다고 전해진다. 뉴턴이 이 나무 아래에 누워 있다가 떨어지는 사과에 머리를 맞고서는 만유인력의 법칙을 깨달았다는 건 후대의 아이러니일 수 있지만, 그가 이 나무 아래에서 휴식을 취하곤 했다는 건 사실인 것 같다.

아무튼 떨어지는 모든 것이 중심으로 이루어진다는 중력은 뉴턴에게 가장 큰 이슈였음에는 틀림이 없다.

한 가지 분명한 사실 중 하나는 이러한 이론의 이면에는 어떠한 것을 놓치고 있었다는 점이다. 이것이 바로 아인슈타인이 생각했던 시간과 공간도 변할 수 있다는 상대론이기 때문에 물리학에서 뉴턴의 어깨위에 있다는 아인슈타인의 개념은 맞는 것이다.

물리학은 어떻게 보면 가장 쉽고 단순한 학문이다. 이 두 사람의 업적만 따라가면 답이 나오기 때문이라 할 수 있다. 그 업적은 어떠한 방정식을 수식으로 바꿔준 것인데 결국 '세상에서 불변하는 것은 무엇인가?'라는 절대요소의 기준을 삼기 위한 일종의 법칙 발견이다.

프린키피아[229]

영국 왕립 지하 도서관에 가장 중요하게 보관 중인 책이 바로 뉴턴의 『프린키피아』라고 하는 책이다. 이 책에는 뉴턴의 연구와 사상들이 담겨져 있다.

하지만 빛을 보는 관점에서 뉴턴과 아인슈타인은 달랐다. 뉴턴 또한 빛의 속성을 파악하기 위한 일종의 실험으로 프리즘까지 비춰 빛의 색을 나누어 놓았는데, 빛이 가지는 고유 속도까지는 생각지 않은 것이다.

세상에 절대 진리, 절대 기준이란 것은 있을 수 없지만 굳이 따지고 본다면 빛이라고 할 수 있을 것이다. 빛은 스스로가 가지는 고유 속도가 있다. 이것을 아인슈타인이 광속으로 불렀는데 초속 30만 킬로미터이다.

그는 어릴 적에 이러한 빛의 속도로 날아갈 때 빛은 어떻게 보일 것인가에 대해 생각했고, 이것이 나중에 e=mc2이라는 위대한 혁명을 만들어 냈다.

뉴턴의 생각은 떨어지는 모든 것이다. 뉴턴은 달에 관심이 많았다. 달을 보고 그날의 기분을 점치기도 했다. 그런데 '만약 달이 지구로 떨어진다면?'이라는 생각을 젊은 나이에 하게 된다. 이 **발상 자체가 세상을 바꾸는 원동력**이었다는 사실을 그 누가 알았겠는가? 혁명은 일반적인 생각으로는 근처에도 못 간다는 진리는 여기 두 과학에게서도 어김없이 적용된다.

모든 것에서 변하지 않는 그 기준. 공간도 아니고 시간도 아니었다는 생각이 바로 지적 혁명이듯이 당시에는 조롱받고 웃긴 그 무엇이 엉뚱함이 아닌 혁명이라는 것은 바로 천재들을 두고 이야기 되어야 할 것이다.

---

229) 영국 최고의 책 중에 하나.

나아가 빛이란 밝음 이상의 무엇이다. 여기에는 밝음도 있고 다른 어떤 개념도 있다. 예전에는 빛을 하나의 입자라고 보고 그것을 타고 오는 그 무엇이 있다고 보았는데, 이것을 에테르[230]라고 하였다.

그런데 빛은 하나의 파동으로 이해하는 데 오랜 시간이 흘렀다. 여기에서 양자라는 것도 출현하게 된다.

그렇다. 모든 것이 빛이었다. 시간, 공간, 우리 눈에 보이는 이것은 단지 우리 뇌의 개념일 뿐이었다.

빛의 시간이 따로 있다. 공간의 시간이 현실이듯 말이다. 아니 현실이라는 것도 이렇게 사용되면 안 될 듯하다. 우리가 지금 속한 이 현실은 우리가 현재 느끼는 현실일 수 있다는 뜻이다.

진정한 공간이 따로 있다는 생각도 든다. 빛의 시간이 따로 있는 것처럼 느낄 때는 우리가 사후 경험을 맛볼 때, 필름이 파노라마처럼 돌아가는 그 짧은 시간, 우리는 우리 인생을 영원처럼 볼 수 있게 느끼는 것과 비교될 수 있을는지 모르겠다.

우리는 시간, 빛의 시간이 아닌 공간의 시간을 느끼며 생활한다. 이러한 일을 다시 정립하는 일도 이 시대의 남은 천재들이 해야 하는 일이다.

뉴턴이 다시 이 세상으로 온다면 어떠한 것을 말하겠는가? 그것은 바로 빛 시간 개념일 것이다. 왜냐하면 아인슈타인도 이것을 불변이라고만 상정했을 뿐 정확하게 수식으로 풀어내지 못했기 때문이다.

이러한 현상 가운데 뉴턴의 사상을 다듬어 볼 필요성을 느낀다. 그것과도 거의 동등한 정신이상. 뉴턴은 어떠한 정신적 결함을 가지

---

230) 빛의 이동입자.

고 있었나?

정신 분열이었다. Schizoprenia. 과대망상도 포함한다. 이러한 망상? 즉, 과대 생각이 위대한 역학 F=ma를 만들어 냈다면 믿겠는가?

어떠한 생각의 최고 정점에 도달하기 위하여 정신은 미쳐 있어야 한다. 생각하고 또 생각하여 더 이상 생각할 수 없으면 드디어 찬란한 망상이 시작된다. 이것은 뉴턴에게 시작이었다. 광기의 역사가 이렇게 시작된다.

이러한 정신 착란의 이면에서는 도파민과 세로토닌이 주역이다. 우리가 흔히 신경전달물질로 부르는 것이다.

중독이라는 말을 자주 사용한다. 중독이란 어떠한 것을 좋아하고 싫어하는 개념이기보다는 그것이 좋은 것이든 나쁜 것이든 **멈출 수 없을 때** 우리는 중독되었다 한다.

도파민 센터라는 곳을 자극하면서 계속 우리는 무언가를 하게 되어 있는 것이다. 실상 그것이 나쁜 것을 알면서도 말이다.

그것은 무엇인가? 티로신이 도파민의 기본 물질이다. 즉, 아미노산이다. 질소 1개와 카본 2개의 구조를 갖는 아미노산 말이다. 여기에서는 벤젠 고리[231]가 붙는다.

이 티로신에 하이드로겐 수소 하나가 첨가되어 엘도파가 된다. 예전에 정신성 의약품으로 많이 사용되었으나 지금은 금지약물이 된 엘도파이다. 여기에서 탈탄소가 되면서 드디어 도파민이 형성되었다.

그러면 세로토닌은 무엇인가? 우울증 신경전달물질이다. 바로 여기에 뉴턴이 재흡수되었다. 정확한 표현으로 세로토닌[232]이 적어진 것이다.

---

231) 케쿨레가 한 마리의 뱀이 꼬리에 꼬리를 물고 있는 꿈을 꾸고 난 후 벤젠구조를 발견.
232) 원물질 트리토판에서 시작된 벤젠 6탄당과 5당당의 결합구조.

이러한 도파민과 세로토닌 서로가 천적 같은 이러한 두 물질의 균형은 특히 천재들에게서 많이 나타난다. 거의 모든 천재, 발명가나 연구가(특히 어떠한 생각을 많이 하여 업적을 이룬 사람들)에서 예외 없이 이 두 물질은 다량으로 검출된다.

그런데 아이러니하게도 이들은 서로 천적관계여서 한쪽이 한쪽을 잡아먹는 구조로 되어 있다. 그 때문에 우리는 무언가에 중독되면 될수록 우울하다. 그것이 학업이 아니라 사랑, 돈, 마약, 노름이더라도 다 마찬가지이다.

당연히 생각에 생각을 거듭한 뉴턴이나 아인슈타인 역시 마찬가지였을 것이다. 기본적으로 앞서 언급한 고흐는 사정이 좀 다르다. 이미 그는 발작이라는 신경병을 안고 태어났으므로 오히려 이러한 발작으로부터 독보적 능력이 나온 셈이 된다.

이러한 연관성은 무엇이란 말인가? 일종의 뇌의 보상작용이라고 하면 맞겠다. 모든 일이 어찌 보면 이러한 보상작용이라 해도 되지 않을까. 공부하는 것이 싫으면 노는 것에 도파민을 태워서 나중에 신나는 이야기꾼이 되든지 다른 것이 될 수 있다.

이것은 어디까지나 우리 뇌의 작용이다. 그럼 생각하고 또 생각해서 그런 정신병을 스스로 만들어 냈다는 뜻인가? 정확하지만 않지만 분명 상관관계가 있다. 유명한 학자들 모두가 전부 자폐라는 소견이 있듯이 말이다.

우리는 한정된 시간과 공간에 살아간다. 그것은 서로를 잘 안고 같이 가고 있는 것처럼 느껴지지만 이것 또한 아니다. 모든 것이 뇌의 보상작용으로 상대적이고, 나아가 이 공간에서만 이 상대적 논리가 적용된다.

절대적인 것은 이 세상엔 없다. 뉴턴과 아인슈타인은 이미 알았던 것이다. 뇌의 작은 스파인에서 시작되는 신경전달물질과 통과되는 칼슘 그리고 나트륨은 상대적이며 한 곳이 발달하면 한 곳은 퇴화되고, 서로 같은 작용은 없으며, 서로 다른 역할을 가지고 생활하는 생명을 만들며, 상대적인 그들만의 공간에서 그것이 전부 다인 줄 알고 살고, 안주하려 하는 모든 생명들에 빛 한 줄기가 다가가 의식을 깨워 주고 우주를 보게 만드는 이 모든 것은 결국 유한에 구속돼 있을 뿐이라는 것을 말이다.

렘브란트 반 레인

하나의 그림이 있다.

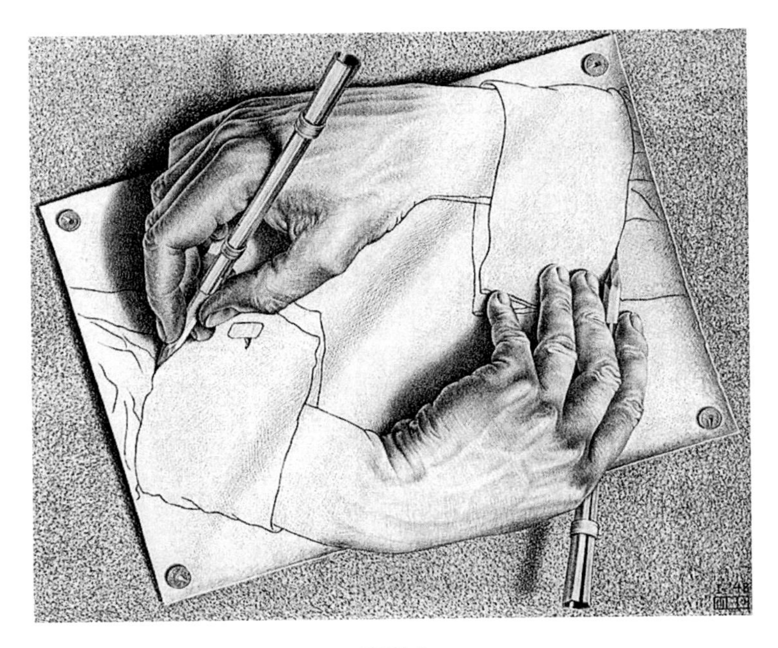

에셔의 손

어떤 것이 그리는 손이고 그려지는 손인가? 1606년 저 먼 나라에서 태어난 한 명의 그림 신동이 있었다. 그는 63세에 죽기까지 수많은 자화상을 남겼다.

먼저 우리 인류 역사상 많은 천재들이 있지만 이처럼 중요하게 미술

사에서 대두되는 인물이 없고 또한 천재들의 삶 속에서 가장 잔인하게 인생을 살다 간 사람이지만 끝까지 정신을 포기하지 않고 또한 무거운 삶을 스스로 포기하지 않았던 위대한 인물이다.

그 이름, 바로 렘브란트이다.

위 에서의 그림은 자기 손이 자기를 그린다. 이것의 본질은 바로 렘브란트가 자신을 그리는 것에서부터 출발했다.

자기 자신을 그린다. 그 개념은 당시고 요즘이고 사실 납득이 가지 않는다. 왜냐하면 경제논리에 맞지 않기 때문이다. 누가 요구하고 제작 주문하는 것이 일반적인 관례인데, 자신이 자신을 제작 주문하는 요인은 어디에 있는 것일까?

이 어려운 논리 속에서 탄생한 미학적 개념, 바로 **자기 성찰**이라는 개념이다. 뉴턴이나 아인슈타인은 생각의 범위가 밖에 있었다. 그것을 밖으로 생각하고 또 생각하여 얻어 낸 진리가 여러 가지 이론을 만들어 내었다.

하지만 렘브란트는 그 생각의 개념이 밖에 있지 않았다. **자신 안에** 있었던 것이다. 유일한 **자신 감정의 연구원.** 그가 바로 렘브란트였다는 것이다.

그가 자화상을 그리는 연구에서 심리도 같이 묻어 있다고 한다. 왜냐하면 여러 가지 이면의 생활상 속에서 여러 가지 모습과 표정이 다 묻어 있기 때문에 그렇다.

그만큼 젊었을 때부터 죽는 해인 1669년까지 끊어짐 없는 무언가를 추적했다. 그것은 자신의 **삶의 과정**이었기 때문이다.

일단 53세 자화상을 보자.

자화상

차분한 눈에 굳게 다문 입이 인상적이다. 렘브란트는 부자였다. 돈이 많았다는 뜻이다. 그런데 이때는 누더기 옷을 걸치고 있다. 재산을 탕진했기 때문이다. 하나도 남김없이 전부 다.

이것만이 아니었다. 자신의 사랑하는 가족들을 모두 먼저 떠나보내고 난 뒤였다. 사람의 심리적인 측면에서 존재 이유를 잃게 만드는 그 무엇이다.

그러나 그는 하나의 끈을 놓지 않았다. 자신의 연구라는 마지막 업무를 하려고 그 힘든 삶을 버티고 있었던 것이다. 고흐는 자신의 삶을 스스로가 포기해 버렸지만 이 천재는 그렇지 않았다.

끈기 자체도 천재였던 것이다.

결국 죽는 해인 1669년까지 자화상을 남겼다. 다 완성되지 못한 채 말이다.

자기를 사랑한 화가

1699년 마지막 자화상이다. 필자가 도판을 많이 싣는 편은 아니지만 표정을 보지 않고는 이해가 불가능해서 실었다.

완성되지 않은 표정에서 그의 **생**을 볼 수 있다. 자기 운명과 싸워 이긴 승리자의 삶을 말이다. 어째서 쭈글쭈글하게 웃는 그 모습이 승리자의 삶인가? 이것은 그 존재 자체가 승리인 것이다! 문학적이고 감정적인 개념이긴 하지만 이것을 렘브란트는 창조했다. 승리의 삶이 무엇인가를 말이다. 자신의 창조물이다.

자기를 사랑한 화가

이러한 삶에 렘브란트는 예술을 불태웠다. 싫고 좋고가 아닌 자신의 삶을 기록하기 위한 일종의 업보라고 본다. 바로 위의 자화상에는 우리가 다른 무엇을 볼 수 있다. 그것은 돈이 많다는 자부심에서 나오는 오만함이라고 이야기한다.

이것은 스스로에게 스스로를 과시하는 그 무엇 이상의 개념이고 한 인생, 한 작품이 왜 위대한가를 나타내는 이정표이자, 렘브란트가 렘브란트여야만 되는 이념의 계층이다. 우리는 이 작은 작품에서 읽는다.

파블로 피카소

한 세기 전 스페인에 획기적인 미술 신동이 탄생하였다. 한 미술 선생님의 아들 파블로 피카소이다. 그는 굉장한 소묘 실력을 가지고 태어나 주변 사람을 깜짝 놀라게 했다.

그 한 예로 피카소가 9살 때 자신의 어머니를 그린 것이다. 피카소가 왜 피카소인지를 대변하는 중요한 대목이라 할 수 있다.

질감부터 시작하여 머리카락의 한 올 한 올, 무엇보다 눈빛과 피부의 색감. 8살 꼬마가 그렸다고는 도저히 믿기 힘든 그림이다.

피카소의 어머니

완벽한 소묘는 아무나 가질 수 없는 소중한 능력임에 틀림없다.

그런데 이런 뛰어난 능력을 그는 일부러 버렸다. 오히려 성인이 되어서 그 출중한 소묘를 버리고 거꾸로 7살 아이로 되돌아갔다.

팔의 비례가 전혀 맞지 않고, 얼굴을 크고 다리는 이상한 듯 길어져 우울해 보이는 사람의 형상을 만들어 내었다. 이것이 바로 형태의 변형[233]이 시작된 **청색 시대**의 암울 시대이다.

그는 왜 그토록 출중한 소묘를 버려야만 했는가? 그 전에 그는 "나는 이미 12살 때 라파엘로를 능가하였다"라고 직접 이야기한다.

피카소, 「맹인의 저녁식사」

위에 그려진 그림은 피카소의 청색 시대 대표 작품 「맹인의 저녁식

233) 데 포름-미학용어.

사」라는 작품이다. 만약 위의 그림이 출중한 소묘를 바탕으로 한 정확한 비례에 의해 그려졌다면 맹인의 우울한 분위기는 절대 살려 낼 수 없었을 것이다.

인체의 왜곡을 통해 노리고자 하는 바가 있었다. 그것은 심리를 대변하는 **'우울'**이었다.

바로 여기서 미술심리가 탄생한다. 압박과 우울은 이 이후로 그림이 나타내는 심리 중의 대명사가 되었다. 그림의 표현이 이로써 심리를 묻게 된 중요한 작품. 「맹인의 저녁식사」이다. 이후로 피카소 작품은 몇 단계를 더 거치면서 그 유명한 「아비뇽의 처녀들」을 탄생시키기에 이른다.

그 단계가 일명 장밋빛 시대라 하는 **핑크 시대**이다. 이때의 특징은 가늘던 사람의 왜곡이 육중하게 굵어지게 되며 색은 분홍빛을 띠는 것이다. 또한 이야기와 동세가 많아지고 인물의 표정이 많아진다.

아래 사진의 대표적 특징을 보자.

피카소, 「거리의 연인」

사람들의 관계가 눈에 띄게 많이 보이며, 대표적인 색이 청색에서 분홍빛으로 완벽한 전환을 이룬다. 이것은 심리적 측면을 그대로 전사시키는 매체가 바로 그림이며 당시의 정확한 상태를 보여 주는 일종의 시험지라고 해야 할 것이다.

이러한 심적 상태는 예술 행위자의 정서 상태와 밀접하게 붙어 있다. 당시 에르난드[234]와 사랑을 하게 된 피카소가 그 심적 상태를 분홍으로 그림에 투영한 것이다.

그러면 왜 청색 시대는 발현하게 된 것일까? 그것도 정확한 이유가 있다. 가난하고 궁핍했던 시절 가장 친한 벗(친구)가 자살하였기에 그 심리상태가 투영된 것이다.

이러한 심적 단계를 넘어 드디어 도달한 사조가 있었다. 그것이 바로 우리가 현재 **입체파**라고 부르는 입체형상을 창출해 내기에 이른다.

이 책 전 장에 미술에 대해 잠깐 언급하면서 「아비뇽의 처녀들」을 언급한 적이 있을 것이다. 입체라는 용어의 시작부터 그 개념까지를 개괄적으로 설명해 놓은 부분을 참조하기 바란다.

쉽게 입체라는 용어 속에는 미술에서의 시공 개념이 명확하게 포함되어 있다. 이러한 시간과 공간의 이해 없이 큐비즘을 이해한다는 것은 사상 근처도 못 가는 것이다.

우리가 지난 반세기 동안 그렇게 칭찬해 마지않던 이 입체라는 개념으로 미술계가 무엇을 얻었는가? 바로 구속에 대한 해방이었다. 어떠한 구속이었던가? 그리는 방식에 대한 해방이었다.

원근법, 소묘, 비례, 대칭, 조화의 방식을 전부 부수어 버린 한 작품, 바

234) 피카소의 첫 여인.

로 「아비뇽의 처녀들」에서 그는 이 모든 것을 여과 없이 보여 주고 있다.

그러면 그 전통 규약을 부수고 무얼 나타내고 싶었기에 이렇게까지 기존 회화를 해체하였는가? 그것은 무엇이라기보다 회화라는 장르가 어디까지 진보할 수 있는지에 대한 가능성이었다.

따지고 보면 화폭에다 그리는 행위 그 자체가 무엇이 그리 대단하기에 가능성까지 거론한단 말인가라고 반문할 수도 있다.

주목해야 할 부분이 있다. 어디까지나 행위 자체는 행위 자체일 뿐이다. 이것을 넘어 사상이라는 것이 있다. 이것은 무한한 가능성을 항상 내포한다. 그 어떠한 매체일지라도 말이다. 특히 그리는 것, 회화에서도 말이다. 이것을 넘어서 행위미술까지도 우리는 사상이라는 부분에서 이야기해야 한다.

자, 이제는 큐비즘을 정리해 보고자 한다. 이 책의 근본 모티브는 이러한 미술 사조를 설명하기 위한 것이 아니다. 어떻게 하여 우리가 자랑한 천재들의 사상이 나왔는가에 초점이 맞춰져 있다.

피카소는 뛰어난 소질을 이미 가지고 있었지만, 자폐도 아니었고, 신경병을 앓았던 것도 아니다. 단지 놀라운 열정으로 90세까지 생을 즐기며 살다 간 굉장히 뛰어난 미술적 기술을 가진 예술가이다.

하지만 단 한 가지 결함, 결함 아닌 결함의 정신적 장애를 가지고 있었던 것으로 보인다. 그것이 **양극성 장애**[235]였던 것이다. 어김없이 이 천재에게도 정신적 장애의 씨앗을 찾아낼 수 있었다. 이러한 조울 증상은 그가 가진 하나의 에티켓에 불과한 것이 아니라, 그의 예술 사조 전반을 다양하게 변화시켜 주었다. 청색 시대에서 분홍색을 거치는 과

235) DSM-정의 명칭.

도기적 상황은 그의 그 성인 조울 증상을 대변한다고 할 수 있다.

정신적으로 깨끗하다고 알려졌던 피카소마저 이러한 증상에 시달렸다고 한다면, 이제는 천재들의 생각과 정신적 장애의 상관관계는 더 이상 명확하지 않을 수 없게 된다.

또 한 명의 대표적 천재를 살펴보자.

조지 고든 바이런

양극성 장애, 그리고 조울증으로 세상과 예술을 꽃피운 천재가 여기 또 한 명 있다.

그는 낭만주의와 영국을 대표하는 시인이다. 훤칠한 외모에 정겹고 다정한 입담, 그리고 따뜻한 마음씨까지 삼 박자를 고루 갖추고 있고, 천재적인 감수성까지 더해진 확실한 천재적 유전자의 합작품이다.

하지만 하나의 지체 결함이 있었으니 그는 절름발이였다. 그런 그는 스스로 매일같이 자살충동으로 괴로워했던 천재였다.

위대한 시인

캠브리지에서 바이런의 스승은 바이런을 두고 이런 이야기를 했다.

"폭풍 같은 격정을 지닌 젊은이는 이밖에 없다!"[236]

이것은 그의 선천적으로 뿜어져 나오는 다혈질적인 기질과 뜨거운 열정을 두고 한 이야기로 그의 성정을 한마디로 표현하는 대명사가 된다.

또한 그는 스스로를 "모든 요소들이 진동으로 인해 합쳐졌기 때문에 어둠이 깔리고 동요되면 정신적으로 혼란이 일고, 전쟁이 일어나기 마련이다"라고 했다. 인간 근본을 성악설에 두고 있음을 파악할 수 있다.

이러한 대목은 자신 내면 안에 있는 심리를 대변하는 것으로 자신과의 전쟁을 매일같이 치르는 양극성 장애의 전형적인 케이스라고 할 수 있다.

이러한 그의 카멜레온과 같은 성격에 대한 언급으로 '변화 무쌍', '반쯤은 하찮은' 등이 있었으며, 이러한 상태를 대변하는 시들이 그의 머릿속에서 이어져 나왔다.

그 한 구절은 아래와 같다.

When we two parted(우리 둘 헤어질 때)
In silence and tears(말없이 눈물 흘리며)
Half broken-hearted(여러 해 떨어질 생각에)
To sever for years(가슴 찢어졌었지)
Pale grew thy cheek and cold(그대 뺨 파랗게 식고)
Colder thy kiss(그대 키스 차가웠어)
Truly that hour foretold(이 같은 슬픔)
Sorrow to this(그때 벌써 마련돼 있었지)
The dew of the morning(내 이마에 싸늘했던)

---

236) 바이런 외 저, 소남무 역, 『세계의 명시』, 꿈꾸는아이들, 2009.

Sunk chill on my brow(그날 아침 이슬)
It felt like the warning(바로 지금 이 느낌을)
Of what I feel now(경고한 조짐이었어)[237]

슬픔과 희망이 공존하는 이러한 내면의 표현에서 특히 예술은 예술가의 삶을 머금고 나오는 말 자체에 더욱 공감을 하게 되는 요소이다.

이러한 특성을 머금고 바이런은 낭만적인 사상과 힘과 이러한 특정적 감정을 극한까지 밀고 나아간다.

시의 소재도 '환희와 두려움', '슬픔과 기쁨', '영원과 변화' 등으로 정화와 모순의 대립구조로 발전해 나간다. 그는 확실한 **감성적 천재**이다.

그럼 이제부터 이 책의 모티브인 창조성과 정신 결함이 이 천재에게 어떠한 식으로 투영되었나를 살펴볼 차례이다. 조증과 우울, 화냄과 평온 등의 증상들은 그 지인들과 바이런의 표현 기술에서 확실히 나타난다. 그의 기분의 변동은 자살 위험을 항상 내포하고 있었고, 심한 우울증부터 권태와 절망감, 무기력과 과대망상까지를 포함하고 있는 과한 증상이었다.

그 반증으로 급속도로 변화되는 몸무게를 기록에서 찾아볼 수 있으며 성행위와 약물복용까지 여러 가지 다양한 증거들이 있었다.

이것은 홀로 키워 온 것이거나 심리상태에 대한 트라우마 등으로 발생한 후천적인 것이 아니라, 가족 내력이 있었던 것으로 추정되는 선천적인 것으로 사료된다.

그의 증상의 이면에는 가족이 있었다. 조울증에 대한 가족력 말이다. 그는 직접 "나의 이러한 모든 증상들이 유전되지 않는다는 것은 웃

---

237) 바이런 외 저, 소남무 역, 『세계의 명시』, 꿈꾸는아이들, 2009.

기는 이야기이다"라고 직접 명시한 바 있다. 그리고 분명 이러한 기질과 우울감은 유전된 어떠한 기질이라고 했다.

어느 전기 작가는 "시인은 당연히 지독한 유전자를 타고 태어날 수 없다"라고 한 적이 있음을 기억한다. 하지만 바이런은 이러한 기질을 타고 창조적 문학의 발판을 세웠으니 아이러니한 일이다.

그런데 분명하게 이야기할 수 있다. 이러한 기질에 대한 아이러니는 바이런에게 필연적인 것이었다고 말이다. 과학에서 양극성 장애란 편도체[238]의 내핵과 외핵의 자극에 의한 증상이다.

이것은 동전의 양면과 같은 것으로 편도체 안과 바깥에 기쁨을 관장하는 부위와 슬픔과 공포를 관장하는 부분이 서로 붙어 있다는 것이다. 이것을 내핵과 외핵이라 줄여 부르는데 이러한 감정적 변화는 그 무엇보다 편도체가 관장하는 것이 맞다.

그런데 창의적 발상과 이 감정적 편도체가 과연 무슨 관계이기에 이렇게 많이 언급한다는 말인가.

바로 편도체는 전두엽과 밀접한 관계로 연결되어 있다. 이것을 전문용어로 PP, 즉 '직행 정보 교환도로'라고 부른다. 우리가 흔히 아는 파페츠 회로의 다른 경로가 이 편도체 전두엽의 경로이다.

이것은 서로를 뚫고 있는 큰 길과도 같다. 그 때문에 뇌는 다른 간섭을 받지 않고 감정에 따른 여러 가지 상상력을 발휘할 수 있는 것이다.

그는 스스로를 이렇게 표현한다.

분노가 나의 마음을 지배할 때 그리고 쉽게 흥분되고 나의

238) AMYGDALA.

성격은 악의를 띠기 시작하면서 비로소 새로운 생각이 싹튼다.[239)]

이것은 그의 친구인 홉하우스가 그의 성격 경향을 그에게 일러주었고, 서로 마음을 가깝게 된 구절이라 보고 있다.

그리고 그는 바람처럼 미친 자라고 직접 기술하고 있다.[240)]

바이런의 이런 일생은 그의 인생 위에 뒤얽혀 있다. 그 때문에 그의 삶이 예술이 되고 예술이 그의 삶이 되는 일명 물아일체가 그 예술에 가장 큰 기조로 자리 잡고 있다.

한 비평가가 그의 시와 삶에 이러한 글을 남긴다.

그는 밖으로 향하는 모든 것에 대하여 구름과 같은 막을 건넌다. 그의 생각이 중심에 앉아 어두운 밤과 밝은 낮을 함께 즐긴다. 그는 슬픈 관, 수난상, 빛나는 초, 아름다운 황폐한 형태를 본다. 그러나 우리는 아직 지하 감옥에 갇혀 있고 자유롭게 숨을 쉬지 못하는 존재로 남아 있다.[241)]

---

239) 바이런 외 저, 소남무 역, 『세계의 명시』, 꿈꾸는아이들, 2009.
240) 바이런 외 저, 소남무 역, 『세계의 명시』, 꿈꾸는아이들, 2009.
241) 바이런 외 저, 소남무 역, 『세계의 명시』, 꿈꾸는아이들, 2009.

루트비히 반 베토벤

위대한 **'운명'**. 그에게 잘 맞는 대목이다. 그의 대표작처럼 말이다.

위대한 예술의 기로에서 찾아온 청각 소실의 운명. 그것이 선사해 준 드라마틱한 삶! 이 모든 것은 베토벤을 잘 수식해 준다.

위대한 천재

천재적 발상과 그 크기는 천재를 더 고독하게 한다는 법칙은 항상 어느 때나 유효하다. 이것은 그 두 가지와 상관관계가 그만큼 크다는 것을 의미한다.

사색과 고독, 창조와 정신. 이러한 모든 것들에 앞서 살펴보아 사람은 역시 정신적 존재라는 것이다. 그것은 정확한 인간과 예술의 관계이다. 이것을 우리는 '정신'이라고 부른다.

베토벤의 영화는 이런저런 상황에서 많이 등장한다. 여러 천재들 중 가장 특별한 가치와 드라마틱한 삶을 가진 그의 예술을 잘 살펴보아야 한다. 천재라는 것이 어떠한지 증명하려면 말이다. 또한 여기에서도 **천재바보**라는 수식어가 어떤 상관관계로 맞물려 있는지 살펴보아야 한다.

일단 베토벤의 성격을 잠깐 살펴보자. 그는 거칠고 공격적이면서 참을성이 없고 화가 날 때는 난폭해지는 경향이 있는 인물로 그려지곤 한다. 이러한 대가 이미지에는 어느 정도 사실인 부분도 있지만 그의 인간적인 부분을 묘사하기에 부족한 부분도 있다.

그는 계급주의의 혼란 시기에 살았으며 계급이 갖고 있는 권위에 대해 양면적 입장이었다. 귀족의 저택에서 연주를 요청받게 되면 그는 그 연주가 지속되는 동안 독방을 요구하였다.

그는 규정된 사회 예절을 따라야 한다는 생각을 혐오했다. 즉, 규범과 규례에 반항하듯 살아간 것이다. 더구나 그의 청각 상실은 자연스럽게 그를 더욱 내성적이고 비사교적으로 만들었다.

베토벤의 성격에는 여러 모순된 부분들이 있었다. 때때로 그는 온화하고 친절했고 또한 적대적이었다. 그는 혼자 있기를 좋아하는 사람이었지만, 여러 명의 친한 친구들과 함께하는 것도 즐겼다. 그는 비엔나의 비좁은 숙소에서 작업하는 것에 만족하는 것처럼 보였지만, 시골 길을 오래 걷는 것을 즐겨 했고 종종 시골 마을에서 여름을 보내기도 했다.

그는 또 평온한 가정생활에 대한 바람을 자주 표현했다. 이런 그를 시공간의 초월하는 거대 괴물로 묘사하는 것이 과연 무엇일까? 다름 아니라 음악계에서 그를 피카소나 셰익스피어처럼 현대 음악의 정점으로 올려놓았기 때문이다. 무엇보다도 이 책에서 베토벤이 9번째 천재바보로 등장하는 이유를 짐작했으리라 생각된다.

그도 괴팍하면서 온화한 **양극성 장애**자였다. 우리에게는 숙제가 있다. 이러한 딜레마를 이젠 풀어내어야 한다. 총 10명의 천재 바보들 중 9번째 기술 상대지만 점점 더 하면 할수록 과민성 감성으로 흐르고 있다는 느낌을 지울 수 없다.

결국 감성에서 천재와 바보가 나뉘는 것일까? 아니면 역으로 그가 역작을 생각하고 또 생각해서 감성이 짙어진 것일까?

닭과 달걀의 순서 관계보다 더 중요한 것이 격정적인 감성의 흐름은 분명 **성찰**과 맞물려 있다는 사실이다. 이는 모든 천재에게서 드러난다.

음악사에서 그의 업적은 간단하다. 그는 고전주의 시대로부터 물려받은 모든 요소를 취하면서 이전에 받아들여졌던 한계를 넘어 자신의 성찰에 맞게 변화시켰다. 즉, 형식적인 면에서 교향곡, 협주곡, 소나타, 고전주의 장르를 19세기로 가져와 새로운 퓨전 형태로 탈바꿈시켰다. 이러한 과정에서 그의 격한 심정과 감성, 그리고 성찰은 필수적인 것이었다.

화를 많이 내었다고 전해진다. 음악을 흥얼거리다가 갑자기 화를 내는 경우가 다반사였다. 그런 그에게 가까이 가는 사람은 거의 없었다. 그 때문에 대부분을 혼자 보냈던 것으로 보인다.

여기에서 또 다른 운명의 장난이 시작된다. 귀를 먹게 된 것이다. 거의 30대에 청력 손실이 찾아온 것이다. 이러한 질병은 오히려 음악 활동을 위하여 계속 살겠노라는 자신의 결심을 더욱 공고히 하는 계기가 된다.

시간이 지나면서 청력 상실은 심해졌다. 자신의 교향곡 9번을 초연할 때 연주가 끝내고 아무것도 들리지 않던 그는 객석을 향해 뒤돌아서자 관객들이 떠들썩하게 박수를 치고 있음을 보았으며 비로소 눈물을 흘렸다고 한다. 이렇게 하여 40대에 청력은 완전히 잃게 된다. 이후로 놀라운 작품 10곡이 탄생된다.

여기에서도 다시 확인되는 것은 천재는 감각(시, 청, 후) 등이 아니라는 점이다. 바로 **감성**이다.

청력을 잃는 1814년부터 그의 음악은 이러하다.

1815: 첼로 소나타 두 곡을 작곡, 스코틀랜드 노래를 작곡.

1816: 피아노 소나타 101와 Geliebte를 위한 6곡의 노래를 작곡함.

1817: 교향곡 제9번의 첫 총보를 쓰기 시작함.

1818: 함머클라비어 소나타를 작곡함, 장엄미사를 쓰기 시작함.

1820: 소나타 109를 작곡함.

1822: 피아노 소나타 작품 번호 110과 111을 작곡함.

1824: 교향곡 9번을 작곡하고 초연함.

1825: 작품 번호 133을 작곡함.

1826: 사중곡 작품 번호 131과 135를 작곡함.

1827: 3월 26일 사망.

양극성 장애와 청력소실. 그리고 극한의 음악 감수성. 그리고 삶. 이 세 가지는 베토벤에게 어울리는 드라마이다.

마지막으로 천재에 앞서 설명하여야 될 이론이 하나가 있다. 심리학이라는 학문 이론이다. 우리의 마음 상태를 다룬다는 것으로 처음에 굉장한 화두로 등장한 같은 학문, 그리고 신비한 그 무엇에 일종의 종교 같은 이론이며, 프로이트는 여기에 **인간의 심리**라는 생리를 더하여 놓았다.

그런데…. 혹자는 프로이트가 50%는 맞고 반은 틀렸다고 한다. 심리학은 지난 기간 동안 인간의 단점을 고치려고 노력하고 또 노력했다. 그렇게 해서 보내 버린 100년의 기간 동안 문제 해결은 고사하고 이룩한 업적이라고는 단지 단 하나. 인간의 단점은 없어질 수 없다는 깨달음 하나이다.

이것을 과학이 수습하기로 하고 나서고 있다. 심리학과 과학, 과학과 심리학. 서로의 정당 논리로 대립한 지 100여 년, 사실상 과학의 완벽한 승리가 아닐 수 없다.

이러한 이면에는 인간의 정신적 질병이 큰 화두였다. 모든 천재들에게서 보아 온 질병, 창조적 업적이 크면 클수록 보여준 질병의 비례관계.

이것을 심리학은 무어라고 답변할까? 창조성에 대한 학습된 부작용이라 할 것이다. 분자 레벨에서의 흐름을 설명하지도 못한 채 말이다. 이러한 흐름은 항상 모순을 낳는다. 그것도 부정적인 방향으로 말이다.

그렇다면 과연 심리학이라는 측면은 우리에게 어떠한 의미일까? 단지 자신의 행위를 어떠한 식으로든 정당화시키기 위한 일종의 방안이 되는 학문이라고 할까?

이러는 동안 많은 의문을 낳는다. 우리가 어느 정도의 창조적인 행위를 할 때 이러한 심리학은 더 이상 필요 없다는 것이다.

창조적 행위에 있어 근본적인 학문이 아니란 말이다. 정확한 사유이고 정확한 논리이고 간에 그 존재 이유에 있어 우리는 항상 따져 물을 필요가 있다.

그렇다 이쯤 되면 마지막 인물이 누구인지 알 것이다. 심리학의 아버지 지그문트 프로이트이다.

지그문트 프로이트

프로이트는 심리학의 대가이다. 심리가 하나의 학문으로 자리 잡는 데 있어서 독보적 역할을 한 존재이다. 일단 그가 연구해 오던 학문적 배경을 살펴보자.

심리학의 대가

프로이트는 오스트리아 빈에서 당시 대가 생리학자였던 에른스트 폰 브뤼케, 과학의 대가였던 헬름홀츠와 함께 연구했다.

1882년 빈 종합병원에 들어가 정신과 의사인 마이네르트와, 내과 교수인 헤르만으로부터 임상수련을 받았다. **마이네르트**라는 이름은 유명하다. 현재 뇌 과학 분야 전뇌 기저부의 명칭으로 유명하게 알려져 있으며 아세틸콜린(Ach)의 근원지라고 알려진 부분이다. 그만큼 프로이트가 유명한 것이다.

그리고 3년 후에는 신경병리학 강사로 임명되었고 뇌의 연수에 대한 책임 연구단으로 그 일을 비중 있게 수행하였다.

그 해 1885년 말에 프로이트는 신경병리학을 계속 연구하기 위해 빈을 떠나 파리의 중요 병원에서 신경의학자 샤르코 밑에서 연구했는데, 프랑스에서의 1년 동안의 경험은 정신분석을 이룩하는 토양이 된다.

당시 **히스테리**를 부린다고 분류된 환자들에 대해 연구한 것을 보고 그는 정신의 심리적인 질환의 원인은 뇌에 있다기보다는 마음에 있을 것이라는 생각을 하게 되었다.

당시 샤르코는 팔이나 다리의 마비 같은 히스테리 증상과 최면상태에서 유발되는 현상들을 연결시켰다. 모든 육체가 신경계보다는 정신상태에 있음을 나타내 주는 것이었다.

1886년 2월 혁진적인 심리학적 새로운 방법을 가지고 빈으로 돌아왔다. 그것이 바로 **정신 분석학**이라는 토대이다.

그럼 정신 분석이라는 것이 무엇인지 살펴보자. 일단 정신 분석학이라고 함은 말 그대로 정신을 레벨로 나누어 분석한다는 뜻인데, 여기에서 의식을 구조를 그는 정신이라고 보았다. 그 레벨의 구분은 본능과 이성을 기준으로 두고 우리가 본능대로 행동하는 것을 **이드**(id)라 보았다. 이 본능의 감추어진 방대한 부분과 빙산의 일각인 외형적으로 보이는 부분이 이성이라고 그는 이야기한다. 그리고 초자아(se)라는 것은 본능과 이성의 중간 단계인 에고가 다듬어지고 훈련되어져 그것으로 인한 최고의 인간성을 지칭하는 용어이다.

그런데 중요한 것은 이러한 3가지의 분류는 보이지 않는 무의식의 방대한 이드 영역에 좌우되고, 사람마다 제각기 다른 마음의 상처(본능의 심기)를 건드리면 그 유명한 방어기제[242]라는 발동된다는 것이다. 이것이 프로이트의 핵심 이론이다.

그런데 이런 본능의 최고 중추를 아이러니하게도 **성욕**으로 보았다는 것에 문제가 있었다. 이것은 그 유명한 리비도[243]라 한다. 이것도 모자라서 이 리비도의 성격 분류까지 해 놓게 된다.

첫째가 빨기 본능의 구강기, 두 번째가 배설하는 욕구의 항문기, 세 번째가 바로 남근기라고 하는, 어린아이의 성기에 리비도를 집중시킨 것이다. 그래서 나온 논란이 바로 어린아이에게 무슨 성욕이라는 것이 있냐고 하는 남근기 부인설이다. 이것은 당시의 학문적인 동료였던 인사가 제기한 의문이며 이것으로 인해 그들은 서로 등지고 만다.

우리가 본능으로 알고 있는 모든 사안들은 성욕을 제외한 많은 욕구들에서 오는 것이 대부분이다. 그 대표적인 것인 식욕, 즉 먹는 즐거움이라고 하겠다. 물론 때때로 성 욕정이 강한 사람이 있어서 모든 행동의 드라이브 원인을 성욕으로 볼 수 있겠지만, 그것은 케이스마다 다른 사안이며, 절대적인 것이 될 수 없는 것으로 본다.

이 문제 제기에서 출발하여 21세기 들어서는 프로이트의 이론은 거의 해체되다시피 한다. 앞뒤가 맞지 않는 논리라는 뜻이다. 그리고 당시 많은 이들에게서 받은 영감적인 부분도 자신의 이론이라며 시치미를 보였다고 전해진다.

---

242) 프로이트가 창설한 인간심리의 일종.
243) 프로이트의 주요 욕망.

결국 결정적으로 그가 욕망을 표출하는 유일한 배출구로 꿈을 들었는데 그 꿈이라는 본질의 REM 수면이 밝혀지면서 전혀 근거 없는 이론이라는 것이 밝혀지기에 이른다.

따라서 30년 동안 꿈을 연구한 대가 알렌 홉스[244]가 프로이트 이론은 과학적으로 거의 틀렸다고 하는 유명한 일침을 날렸다.

그럼 그 꿈의 내용이라는 것이 어떠한지 살펴볼 필요가 있겠다.

첫째, 우리의 꿈은 과연 무엇인가?

둘째, 의식인가, 아니면 무의식인가?

셋째, 왜 꿈을 꾸는가?

이 세 가지의 정의는 이제 세워졌고 정확하게 밝혀졌다

첫째, 꿈이란 무엇인가에 대한 대답으로 우리의 생생한 정신활동이다. 둘째, 꿈은 지독히 생생한 의식이라는 것이다. 셋째, 꿈의 REM 수면을 통해 장기기억이 만들어진다는 것이다.

우리가 이러한 질문에 깊이 들어가기에 앞서 REM 수면을 다시 살펴보아야 한다.

앞 대목에서 설명한 바 있는 수면의 설명과 이번 대목은 꿈이 왜 중요한 것인지를 가늠하기 위한 일종의 접근법 강조라고 해야 할 것이다.

REM 수면은 굉장히 중요하다. 이것은 삶과 죽음의 문제, 즉 생존의 문제이고, 인간이 누려야 하는 최고의 특권, 즉 기억과 생각에 관한 문제이다.

244) 꿈 연구가.

하나의 예를 들어보자. 일단 우리가 일 년에 한 번쯤은 잠을 자지 못하는 경우가 종종 있을 것이다. 그 경우 피로감을 느끼는 것을 경험해 보았을 것이다. 일단 머리가 무거우며, 손발이 둔해지는 현상도 함께 말이다.

그렇다고 해서 이동을 하거나 밥을 먹거나 일상적 생활을 하는 것에 문제가 생기는 것은 아니다. 단지 몸이 좀 무겁고 피로감을 느낄 뿐이다.

그런데 잠을 안 자고 공부를 하거나 책을 보는 것은 절대 불가능하다. 즉, 고기능 두뇌회전이 불가능하다는 것이다. 그 때문에 공부하는 학생이 잠을 줄이면 안 된다는 것을 많이 들어 보았을 것이다.

그렇다면 왜 우리의 뇌는 정신활동과 REM 수면을 맞물려 놓았을까? 단 하나! 그 답은 바로 기억 때문이다! 우리는 잠을 자고 있는 동안 해마에 있던 단기 일화를 장기기억으로 넘긴다. 쉽게 풀이해서, 해마에서 대뇌 피질로 이 기억 신경펄스를 옮겨 놓는다는 이야기이다. 잠을 잘 때 말이다. 그 때문에 잠을 자지 않고 공부나 고위 정신 활동을 하는 것은 깨진 독에 물을 붓는 것과 한가지이다.

이것을 프로이트는 무의식이라는 찬란한 이름을 붙여 우리의 본능이라고 넘겨 팔았던 것이다. 그리고 이러한 무의식적 정신활동이 우리의 모든 것을 드라이브한다고 이야기한다.

그런데 꿈이 무의식이라서 우리의 본능과 심리 상태를 잘 드러내는 것에 대하여 의견이 다분하다. 우리는 꿈의 스토리를 절대적으로 만들어 낼 수 없다. 자유의지에 의해 드라이브되기 때문이다. 이러한 드라이브는 신경전달물질인 아세트콜린에 의해 발생된다. 이미지의 연상을 여기에 우리 뇌가 맡겨버리기 때문이다.

여기에서는 전두엽이 작동을 하지 않는다. 그 전두엽에 대한 운전석에 전대상회가 자리 잡는다. 그 때문에 예측, 추론, 비교, 판단의 고위 전두엽 기능이 작동하지 않으므로 우리가 아무리 이상한 장면을 꿈에서 보아도 이상해하지 않는다. 높은 곳에서 떨어져도 죽지 않으며 심지어 날기까지 하는 것이다.

이것은 항상 우리의 꿈은 현실처럼 일률적이지 않으며, 그때그때의 감정을 동반하고, 굉장히 생생한 시각피질의 힘에 의해 현실 같은 영상을 제공받는다.

이것은 어떤 기능에 의해서인가? 바로 전대상회와[245] 시각연합피질 덕분이다. 앞서 뇌파라는 것은 꿈에서 설명한 바 있다. 꿈을 꾸는 몇 가지의 뇌파(REM)는 정확히 각성과 유사하다.

그런데 프로이트를 언급하면서 왜 이리도 꿈 이야기를 길게 하는 것인가? 우리의 꿈을 우리의 심리와 맞물려 본능으로 보는 견해 때문이다.

홉스는 이 부분을 이렇게 설명한다.

> *나는 연구소에서 8명의 제자와 함께 꿈을 기술하고 그것을 이등분하여 무작위로 섞어 다시 재조립하였다.*

그런데 놀라운 것은 8명의 기술 모두가 서로 닮아 있었다. 이것은 무엇을 뜻하는가? 꿈의 서술은 본능과는 상관없이 하나같이 엉뚱한 이야기로 서로 연관되었다는 것이다. 그런즉 이러한 내용을 심리와 본능으로 볼 수 없을 뿐만 아니라, 더구나 전두엽이 쉬고 있는 현상을 심리와 맞물려 이야기할 수 없다는 것이다.

245) 전 교련.

그럼 왜 맞지 않는 가설을 펴낸 프로이트를 가장 마지막 사례로 넣었을까 하는 문제에 이르게 된다. 그것은 이 책에서 유일하게 이 세상에서 이성적이고 비교적 평범하게 살아온 사람은 그 10명 중 프로이트밖에 없다는 것을 부각하기 위해서이다. 그는 엉뚱한 기질도 없었고 철두철미해서 실수도 없었으며 정확한 심리의 소유자였으나, 아이러니하게도 그가 이룩한 모든 자아에 관한 이론은 어긋난 것으로 판명되고 있는 것이다.

바꾸어 말하면 프로이트는 천재도, 자폐도 아니었다. 그의 이론은 심리였다. 그런데 이러한 심리는 한 세기가 지나면서 잘못된 것으로 판명 났다.

그리고 그는 모든 천재들이 가졌던 엉뚱함과 정신병적 기질도 없는 완벽한 사람이었다는 것이다. 이런 모든 것을 종합할 때 모든 천재성과 모든 정신병적 기질은 한 가지의 뿌리라고 정리할 수 있으며, 이 현상의 기원은 **기억**이라는 단어로 결론하겠다.

PART 05

결론 - 창의성

자폐와 천재

결론을 언급하려 한다. 과연 창의력이라는 것이 무엇이고 기억이라는 것이 무엇인지. 그리고 왜 자폐가 이 두 가지 사안을 다 가지고 자연스럽게 살지 못하는지에 대한 언급을 말이다.

이러한 양상과 그에 따르는 결과는 인체 어디에서나 발생한다. 연결선상에서 대표적인 정신병인 분열증도 여기에 발생하는 일종이다. 단백질의 상호작용이 모든 동류를 양산하며 결국 이 작은 차이가 정상과 비정상의 결과를 만들어 낸다.

바로 이 대목이 우리에게 중요한 화두를 던져 준다.

과연 정상과 비정상이란 무엇인가? 어떤 의미에서 정상과 비정상이란 것이 존재는 하는 것인가? 하나하나의 인터액션에 대한 단백질의 작용이 이런 큰 차이를 만들어 내는 것이라면 허무하게 느껴질 수 있지만 사실이다.

요즘은 이러한 단백질에 변이를 강제적으로 일으켜 자폐라는 증상을 만들어 내 버린다. 얼마 전 뉴스에서 크게 보도된바 있는 제브라 물고기의 dyrk-1a 단백질 변이군이 바로 중요한 예가 되겠다. 생명공학연구소와 충남대 교수팀이 연구한 단백질이다. 물고기 하나의 단백질에 변이를 가하여 자폐증을 인원적으로 만들어 버린 것이다.

그러면 물고기가 자폐인지 아닌지를 어떻게 아는 것인가? 그 단백질에 변이를 일으킨 제브라 열대어 한 마리는 항상 무리를 떠나서 혼자 머리를 다른 방향으로 두고 있다는 것이다. 이러한 현상들은 작은 듯

하지만 대단한 것이다.

듀얼 스피시파이 티로신(y) 릴레이티드 키나제, 그 이름하여 dyrk이다. 이것은 아마도 다운증후군과 연관된 프로틴으로 자폐와 함께 교집합된 단백질로, 이 때문에 자폐가 단일증이 아니라 자폐군 스펙트럼이 된 것이다.

또한 정신분열과 직접적으로 연결된 단백질이 있다. 이러한 경우는 서로 간의 간격을 중요시하게 된다. 또한 어떤 이유에서건 간에 정확한 순열을 따르는 패턴을 보이게 되는 것이다. 이러한 패턴에서 나타나는 순열조합이 바로 유전정보이다. 단백질은 곧 아미노산의 엮음이고 이러한 아마노산의 조각조각들이 하나의 핵산으로, 이른바 유전정보 이빨조각을 형성시키게 된다.

항상 언제라도 정보에 두둔하지 않는 단백질이라는 것은 애당초 없듯이 정확한 순열정보에 의한 많은 이야기들을 하기에 앞서 언제든지 기본 전제가 되는 이러한 연유를 알 필요가 있다고 하겠다.

되짚어 보면 단백질이 곧 우리의 형질을 만들고 생각을 만들고 인격을 만들고 생각을 만든다는 것을 우리는 항상 기억해야 할 것이다. 언제라도 우리가 이렇게 하는 모든 이야기들 안에서 포함되는 전제가 바로 인간은 단백질이라는 것, 이것이 천재성을 낳고 또한 자폐를 낳을 수 있으며, 이것들의 약간의 불안정으로 인해 정신이상을 경험하게 하며, 이것은 결론적으로 단백질에 의한 이야기인 것을 염두에 둘 필요가 있다. 이러한 이유에서 모든 것들을 상호 작용 속에서 볼 수 있다는 것이다.

마지막 정리는 언제라도 정리해 두어야 할 일들이 인간 사회에서 많이 있듯이 여기에 있는 단백질의 사회도 마찬가지라는 점이다.

언제라도 정해진 길을 가려 하는 습성은 단백질과 인간 사회가 너무나 닮아 있다. 그 길에서 우리의 다름이 어디인지를 알고 있고 서로 어떻게 다른지를 파악하며 서로 절충하며 맞춰 가는 많은 것들이 이들이다.

단백질 입장에서도 내가 하나를 가지고 네가 하나를 가져가는 그러한 주고받음이 서로를 지탱해 주고 있는 것이다. 이것이 이 물고기에서 그대로 적용되기 때문에 충남대학교 교수 연구팀이 제브라 물고기를 이용하여 실험을 하였다고 생각된다.

충남대 연구팀이 밝혀낸 물고기를 이용한 자폐 변이 단백질 DYRK-1A[246]의 모든 사안들을 단백질이라는 사안과 함께 일어나는 것들 속에서 서로 중복되는 패턴, 한 가지 먼저 이야기 할 중복이 **다운증후군(Down syndrome)**과 **자폐 스펙트럼(Autism spectrum)**이다.

이러한 정확성이 있는 많은 것들에게서 우리가 유추할 것이 또 한 번 드러난다. 어떠한 증상이 있든 간에 서로를 보완한다는 것이다. 그것이 좋은 쪽이든 나쁜 쪽이든 말이다.

되짚어 보자. 이 장에서 자폐에게 필요한 단백질을 단 두 가지만 이야기했다. 그런데 이 두 가지 모두 다 교집합의 겹침 현상이 일어난다는 것에 우리는 주목할 필요가 있다.

과연 무엇인가? 무엇이 좋은 것이고 나쁜 것인가? 결론에 앞서 내린 답을 다시 기술하자면 세포 관점에서 결국 좋고 나쁜 것은 없다. 서로 조율해서 적정량을 주고받을 뿐이다. 이 과정에서 우리가 이야기하는 정신병적 증상도 대변되는 것이다. 결코 많다고 좋은 것이 아니다. 그

---

246) 물고기를 이용한 자폐증 실험 변이 단백질.

러나 적게 있거나 적정량이 아닐 때도 이상이 발생한다.

앞서 이야기한 것 중에 인간 사회도 이러한 단백질 현상과 같다고 정의 내렸다.

그렇다. **천재가 자폐**이고, **자폐가 천재**이다. 이러한 주장은 억측이 아니다. 천재도 단지 분자 레벨의 단백질 입장에서 보면 자폐와 중복되고 자폐도 단백질 입장에서 보면 천재와 중복된다.

단지 이러한 상호적 작용 속에서 덜 주고 더 받을 뿐인 것이 우리 인간사회에서 그렇게 극단적인 개념으로 정의될 뿐이었다. 어렸을 때 들었던 이야기, 바보와 천재 이야기가 지금 실험이 마무리된 현재에서 그대로 들어맞을 뿐이다.

이 얘기에 대한 단백질 하나를 소개할까 한다. 그 주인공이 바로 프뢰자일 엑스 단백질과 생크 단백질 군이다. 이 두 단백질의 많고 적음이 천재와 자폐를 결정짓는 중요한 요소가 된다는 가설이 이 책의 핵심 논점이다.

그렇다면 이러한 이유에서 자폐와 천재성을 갈라놓는 이유가 된다면 이것으로 우리 인간 정신활동은 전부 단백질 작용으로 파생되었다는 것이 인정되는 셈이 된다.

이것 또한 한순간에서 어떠한 분야의 결론을 확인하는 셈이 되겠지만 이것은 어떠한 면에서 가장 중대한 사안이다. 바꾸어 이야기하면 우리 인간 사회의 정신과 모든 활동의 물리적 실체는 단백질이라는 이야기로 대변되기 때문이다.

결론적으로 이러한 대서사시에 대한 증명은 실험을 통해 하나씩 밝혀지고 증빙되는 과정에 있다. 일단 이러한 이야기보다 앞서 거론되어야 할 부분이 **프리자일 멘탈 릴레이트 프로틴**[247] 단백질이다.

프리자일 멘탈 릴레이티드 프로틴의 약자인 이러한 프로틴이 천재성을 밝힐 중요한 열쇠인 것이다.

우리가 어떠한 것에 주목한다는 것은 예의주시가 필요한 상황인데, 그 주의력과 관련되어 있기도 하다. 풀이하자면 '깨어지기 쉬운'이라는 단어 '프리자일'과 맞물려 '연약한 남성 증후군'이라고 해석된다.

여기에 동반되어 매우 저조한 아이큐 수치를 보인다. 즉, 아이큐 50을 넘지 못하는 정신 멘탈 릴리즈를 보인다고 해서 붙여진 이름일 것이다.

이 경우에 우리가 알아야 하는 많은 것들 중에서 항상 연관되어 있는 것은 **정신**이라는 큰 화두이다. 우리의 정신 그 자체는 내가 되며 나의 정체성과 나의 자아이기 때문에 그러하다.

그런데 이 단백질에 대해서 중요한 점은 정신병의 촉발 요소인자로 작용하는 것이 아니라, 방어인자로 작용한다는 점이다. 즉, 이 단백질이 적으면 적을수록 정신병에 그만큼 많이 노출된다는 것이다. 그래서 이러한 단백질을 이야기하기 전에 양에 관한 문제가 많은가 적은가의 연관 관계부터 따질 필요가 있다는 것이다. 쉽게 이야기하자면 F-X 단백질이 많으면 좋은 것이고, 적으면 적을수록 위험하다는 뜻이 되겠다.

이제 마지막으로 자폐 단백질 최고 단계의 주범이다. **생크** 단백질이다. SRC 호물로지 앤크 단백질. 그 이름하여 **SHANK,** 그 계열 중에서 3번째 서열 단백질이다. 알려진 바로 생크1은 기억으로, 생크2는 사회

---

247) 프리자일 엑스: 남아 4,000명 중 1명, 여아는 8,000명 중 1명의 확률.

성으로, 생크3는 자폐성과 천재성으로 이어진다고 하는 생크서열학설이다.

이미 전 실험에서 생크에 대한 학설을 연구하여 증명한 바 있다. 쥐를 이용하여 사회성 실험을 한 것이다.

그 타깃은 바로 생크2였다. 이 유전자에 변이를 일으킨 생쥐들이 그만큼 사회성이 떨어진다는 것이 쥐의 실험으로 확인되었다. 이 또한 앞서 이야기한 프뢰자일 엑스 단백질과 맥락을 같이한다. 이것은 몇 년 전의 실험으로 그 효과성이 이미 증명되었던 것이다.

여기에 이어서 같은 계열 다른 단백질이 발견되었던 것이다. 자폐 단백질 생크3이다. 그런데 이러한 단백질의 포함이 천재에게서도 발견된 보고가 있다.

그러면 이 단백질은 과연 자폐를 향한 단백질인가? 아니면 반대로 천재를 향한 단백질인가?

여기까지가 앞서 예시에서 밝힌 10명의 자폐성 천재들의 소프트웨어 성향을 만들어 낸 장본인의 물리적 실체이다.

마지막으로 덧붙여서 한 가지의 예를 들겠다. 외국의 서번트 사례 중 하나인 스테판이다. 스테판은 어려서 심한 자폐증상과 함께 발작 경련을 동반하는 증상을 보여 왔다. 그런데 어느 한순간에 이러한 증상 가운데서 이렇게 하고자 하는 모든 일들을 다들 단백질을 합작으로 사용되어지는 것들이 있다는 것이다.

언제든지 있다고 하는 단백질 사연들에 다 언제든 맞물려져 있는 것들에 대한 상호 인터액션이다. 그것 또한 하나와 열을 모두 묶어서 표현하기가 어려운 현상을 정리해 들어갈 수 있도록 하는 모든 상황적인 것이다.

단백질과 정신! 이것은 필자가 결론으로 묶어 놓는 절대 필연적 차원이다.

항상 기본으로 이어지는 많은 것들의 인터액션, 정신 이상의 지표로 이어지는 많은 일에 대한 작용과 이름들의 다름이라는 현상을 지지하는 것들.

이러한 많은 경우의 수를 다듬어서 연관성을 찾을 수 있는 인간의 성장과 단백질의 성장. 자아 존중감 욕구와 맞물려 있는 기본적인 상황들이다.

상황에 대한 정확성이 있는 것 다음으로 진정 있는 현상 이것들에 이어지는 것들에 대한 정확함은 이를 대변한다.

이러한 것들이 모여 욕구와 맞물려 있다. 성격과 연관성이 있으면서 장황하게 연결되는 것들이 모든 일이 연관된 단백질 이러한 일들 가운데서 있게 되는 일들에 대한 연결은 이런 상호 작용을 만들어 낸다.

가까운 이들, 작용에 대한 것들, 연관성에 대한 것들. 이 세 박자는 천재와 자폐를 연결하는 요소가 아닐까 한다.

정해진 이동과 현상, 내면에 있는 화학적 열 전도성, 이 모든 요소들이 일어나는 곳이, 바로 두뇌이다. 뇌 안에서 일어나는 이 모든 일들을 추적해야 하는 우리의 임무도 항상 기억해야 할 것이다. 우리가 정해 놓은 천재성과 바보는 뇌 안에서는 단지 같은 어울림이라는 것을 말이다.

창조력이라는 현상은 이렇다. 일단 우리가 흔히 이야기하는 열린 마음과 자세, 수용력, 친화력, 모험을 감수하는 능력을 이야기할 때 이것이 우리 창조성으로 가는 길이라고들 배워 오고 그런 것인 줄 안다.

하지만 실상은 반대이다. 혼자 있기를 좋아하고, 무언가에 오랫동안 정신 팔려 있어서, 누군가가 볼 때 외톨이 성향을 가지며 친화성이 없고 단 한 가지에 매료되어 있다. 모험하기를 두려워해 엉덩이를 붙이고 가만히 앉아 있기만 하는 행위가 오히려 창의력에 가깝다. 왜 그렇다고 생각하는가에 대해서 우리는 누구나 전자의 성향이 더욱 뇌에 활발한 영향을 불어넣고 더욱 큰일을 도모할 것이라 생각하기 때문이다.

하지만 이러한 부분들은 기질적인 측면이다. 위에 대한 기질은 사상가나 정치인으로는 아주 적합하다. 그들이 하는 일은 사람의 의견을 모아서 무엇이 유익한지 결정하는 일이다.

그렇지만 고독한 **천재**들은 하는 일이 다르다. 그들은 스스로 외로움을 느끼고 그것에 벗어나고자 하지만 그것마저 잘 되지 않는다. 무엇인가에 파고 들어가려 하는 성향 때문이다.

이러한 외로움에서 잠깐 벗어나서 친한 벗과 노닥거리고 있으면 어김없이 자괴감이 찾아온다. '이러한 노닥거림은 과연 무슨 의미인가'라는 식으로 말이다.

그들은 언제든 무언가에 집중해 있어야 한다. 그들은 최고의 의견을 찾는 것이 아니다. 대중의 이익이 무엇인지 생각하는 사람이 아니다.

단지 어떤 것에서 특이함을 찾는 사람일 뿐이다. 바로 이 때문에 우리는 창의적인 천재의 생활 패턴을 잘못 알아 온 것이다. 창의적인 것이 무조건 생산적이고 좋은 것이라는 이미지 때문에 그러하다.

하지만 진정한 창의는 무조건 좋은 것이 될 수 없다. 그래서 뇌는 공평하다. 진취적인 성향에서 무엇을 하라고 일러주는 것도 뇌이고, 고독한 상황에서 무엇을 하라고 일러주는 것도 뇌이기 때문이다.

어떠한 것이든 의미가 있으면 그 삶은 이름을 남긴다. 그 수많은 천재들처럼 말이다.

EPILOGUE

나는 그림을 사랑한 사람이었고 한동안 대한민국 화단에서 활동하기도 하였다. 그런 도중에 일생일대의 중요한 사건이 다가오고 있었다. 한 미술 서번트 자폐 아동을 만난 것이다.

그 자폐 아동이 그리는 그림을 직접 보는 순간 그동안에 내가 배워 왔던 그림과 미학 개념이 한순간에 무너져 내렸다. 2013년 어느 가을의 그때를 지금도 정확히 기억한다.

그 아이는 나에게 자기가 그린 그림을 보여 주면서 말은 못하지만 마음으로 "이것이 바로 그림이라는 것이오"라고 분명히 나에게 이야기해 주었다. 그날 이후 나의 주된 목적과 관심사는 내가 예측하지 못하는 방향으로 흘러가고 있다는 것을 알고 느낄 수 있었다. 바로 뇌와 천재성이 가져다주는 황홀감의 심리 세계였다.

이 책은 뇌의 관계를 어렴풋하게나마 예측해 놓은 것에 의미가 있다고 느낀다.

그리고 아직 밝혀지지 않은 천재성과 능력에 대한 탐구를 기쁜 설렘으로 맞이할 준비가 되어 있다. 머지않아 오게 될 자폐 정복, 그날을 기대하면서 이 책을 마친다.

2019년 5월

전수빈

참고 문헌

국내 도서

- 강명희, 『도화지 위의 그림 마음』, 컬처스토리, 2017
- 김미예·구현영·김수옥·김태임·오원목, 『아동의 성장발달과 간호』, 군자출판사, 2011
- 김선현, 『엄마는 아이의 마음주치의』, 중앙북스, 2015
- 김선현, 『좌뇌 우뇌 활성화를 위한 미술치료 프로그램』, 이담북스, 2011
- 김진한, 『색채의 원리』, 시공사, 2002
- 김재진, 『뇌를 경청하라』, 21세기북스, 2010
- 백중열, 『창조적 미술영재』, 예경, 2010
- 박문호, 『생명은 어떻게 작동하는가』, 김영사, 2019
- 박문호, 『뇌 생각의 출현』, 휴머니스트, 2008
- 박문호, 『뇌과학 공부』, 김영사, 2017
- 박문호, 『유니버설 랭귀지』, 엑셈, 2014
- 박문호, 『그림으로 읽는 뇌과학의 모든 것』, 휴머니스트, 2013
- 박숙자·이나미·최윤희, 『특수교육학개론』, 청목출판사, 2012
- 서유헌, 『머리가 좋아지는 뇌과학 세상: 뇌과학』, 주니어랜덤, 2008
- 서재걸·정가영, 『쉽게 배우는 임상 홍채학』, 메디안북, 2011
- 김성일·김채연·성영신 엮음, 『뇌로 통하다』, 21세기북스, 2013
- 신병철, 『통찰모형 스핑클』, 웅진윙스, 2011
- 신현균 외, 『주의력결핍 및 과잉행동 장애』, 학지사, 2000

- 이근매, 『미술치료 이론과 실제』, 양서원, 2018
- 이종필, 『이종필의 아주 특별한 상대성이론 강의』, 동아시아, 2015
- 이남석, 『해결하는 힘』, 중앙북스, 2009
- 이승희, 『자폐스펙트럼장애의 이해』, 학지사, 2015
- 임영익, 『메타 생각(Meta-Thinking)』, 리콘미디어, 2014
- 이정모, 『인지 과학』, 성균관대학교출판부, 2014
- 한림미술관 외, 『몸과 미술』, 이화여자대학교출판부, 1999
- 이시형, 『세로토닌 하라』, 중앙북스, 2010
- 이현길·하만석, 『누구나 미술치료사가 될 수 있는 미술치료 해석도구』, 행복플러스, 2011
- 윤난지, 『추상미술과 유토피아』, 한길아트, 2011
- 정대영, 『특수교육학』, 창지사, 2017
- 정옥분, 『발달심리학』, 학지사, 2014
- 조요한, 『예술철학』, 미술문화, 2003
- 주리애·윤수현, 『청소년을 위한 미술치료』, 아트북스, 2014
- 진중권, 『미학 오디세이』, 휴머니스트. 2014
- 진중권, 『현대미학 강의』, 아트북스, 2013
- 전채연, 『우리 뇌는 그렇지 않아』, 황금테고리, 2014
- 최재천·강창수·강창원·구자현·권준수, 『내 생명의 설계도 DNA』, 과학동아북스, 2013
- 최중옥, 『특수아동의 이해와 교육』, 교육과학사, 2000, 203~205쪽
- 최승원·조혜현·허지원·김기성·정선용 엮음, 『뉴로 피드백 입문』, 시그마프레스, 2012
- 황농문, 『몰입』, 알에이치코리아, 2017
- 황농문, 『몰입: 두 번째 이야기』, 알에이치코리아, 2011

번역서

- V. S. 라마찬드란 저, 박방주 역, 『명령하는 뇌 착각하는 뇌』, 알키, 2012
- Patricia L. Sitlington·Gary M. Clark·Oliver P. Kolstoe 저, 박승희·박현숙·박희찬 역, 『장애청소년 전환교육』, 시그마프레스, 2006
- 에르빈 파노프스키 저, 이한순 역, 『도상해석학 연구』, 시공사, 2002
- 데이비드 코언 저, 원재길 역, 『마음의 비밀』, 문학동네, 2004
- 하비 뉴퀴스트 저, 김유미 역, 『우리의 뇌 안을 들여다볼까요 위대한 뇌』, 해나무, 2007
- 리타 카터 저, 양영철·이양희 역, 『뇌 맵핑마인드』, 말글빛냄, 2007
- G. William Domhoff 저, 유미숙·이세연·백소윤 역, 『꿈의 과학적 탐구』, 시그마프레스, 2011
- 에릭 캔델 저, 이한음 역, 『통찰의 시대』, 알에이치코리아, 2014
- 켄 윌버 저, 박정숙 역, 『의식의 스펙트럼』, 범양사, 2006
- 마르첼로 미시미니·줄리오 토노니 저, 박인용 역, 『의식은 언제 탄생하는가?』, 한언, 2019
- 카를 융 저, 이윤기 역, 『인간과 상징』, 열린책들, 2009
- 알프레드 아들러 저, 윤성규 역, 『성격 심리학』, 지식여행, 2012
- 제롬 케이건 저, 김병화 역, 『성격의 발견』, 시공사, 2011
- 사라 제인 블랙모어·우타 프리스 저, 손영숙 역, 『뇌 1.4킬로그램의 배움터』, 북하우스퍼블리셔스, 2009
- 월터 킨취 저, 김지홍·문선모 역, 『이해: 인지 패러다임』, 나남, 2010
- 다니엘 타멧 저, 윤숙진·김민경 역, 『뇌의 선물』, 홍익출판사, 2009
- 토머스 웨스트 저, 김성훈 역, 『글자로만 생각하는 사람 이미지로 창조하는 사람』, 지식갤러리, 2011
- Andrew Steptoe 편, 서울대학교의과대학조수철 외 역, 『천재성과 마음』, 학지사, 2008

- 데이비드 파이퍼 편, 강민기·한미선·이지현 역, 『새로운 지평선』, 시공사, 1995
- 헤럴드 오즈본 저, 한국미술연구소 역, 『옥스퍼드 20세기 미술사전』, 시공사, 2001
- 자크 데리다 저, 신방흔 역, 『시선의 권리』, 아트북스, 2004
- 안나 마리아 빌란트 저, 이수연 역, 『프랜시스 베이컨』, 예경, 2010
- 알베르티 저, 노성두 역, 『알베르티의 회화론』, 사계절, 2002
- 루이지 피카치 저, 양영란 역, 『프랜시스 베이컨』, 마로니에북스, 2006
- 마리에트 베스테르만 저, 강주헌 역, 『렘브란트』, 한길아트, 2002
- 피에르 카반느 저, 박인철 역, 『REMBRANDT』, 열화당, 1994
- 로널드 보그 저, 사공일 역, 『들뢰즈와 음악 회화 그리고 일반 예술』, 동문선, 2006
- W. 칸딘스키, 권영필 역, 『예술에 있어서 정신적인 것에 대하여』, 열화당, 1998
- 에릭 캔델·래리 스콰이어 저, 전대호 역, 『기억의 비밀』, 해나무, 2016
- 리차드 레스탁 저, 김현택 외 역, 『나의 뇌 뇌의 나 1』, 학지사, 2004
- 크리스토프 코흐 저, 김미선 역, 『의식의 탐구』, 시그마프레스, 2006
- 앤 루니 저, 김일선 역, 『물리학 오디세이』, 돋을새김, 2013
- Laurie Lundy-Ekman 저, 김종만 역, 『신경과학』, 정담미디어, 2009
- Kandal 저, 강봉균 역, 『Kandal 신경과학의 원리』, 범문에듀케이션, 2014
- Alan Carr 저, 김정휘 역, 『발달장애 아동과 청소년 문제의 예방원리와 실제』, 시그마프레스, 2008
- Geoffrey P. Kramer·Douyglas A. Bernstein·Vicky Phares 저, 황순택·강대갑·권지은 역, 『임상심리학의 이해』, 학지사, 2012
- Christopher M. Filley 저, 김홍근 역, 『임상신경심리학의 기초. 3/E』, 시그마프레스, 2012
- 호아킨 M. 푸스테르 저, 김미선 역, 『신경과학으로 보는 마음의 지도』, 휴먼사이언스, 2014
- 수잔나 파르취·로즈마리 차허 저, 노성두 역, 『렘브란트』, 다림, 2009

- 도쿄대 EMP 저, 요코야마 요시노리 편, 정문주 역, 『도쿄대 리더육성 수업』, 라이팅하우스, 2015
- 와타나베 요우코 저, 조은정 역, 『잘 안 풀려 색깔을 바꿔봐』, 국제, 2007
- 카를 G. 융 저, 이윤기 역, 『인간과 상징』, 열린책들, 2009
- 낸시 C. 안드리아센 저, 윤은실 역, 『천재들의 뇌를 열다』, 허원미디어, 2006
- 엔리카 크리스피노 저, 정숙현 역, 『미켈란젤로』, 마로니에북스, 2007

○ 학술지

- Jiang. Y. H., 「생쥐의 SHANK 유전자 돌연변이에 의한 자폐증 모델링(Modeling autism by SHANK gene mutations in mice)」, 《Neuron》, 2013
- Han. K., 「SHANK3 발현 독특한 약리학적 성질을 가진 조울증과 같은 행동 연구(SHANK3 overexpression causes manic-like behaviour with unique pharmacogenetic properties)」, 《Nature》, 2013
- Peca J. etal., 「돌연변이성형장애, 생크 3 연구(Shank3 mutant mice display autisticlike behaviours and striatal dysfunction)」, 《Nature》, 2011
- Durand, C. Met al., 「시냅스 스캐 폴딩 단백질 SHANK3을 코딩하는 유전자의 돌연변이는 자폐 스펙트럼 장애와 관련(Mutations in the gene encoding the synaptic scaffolding protein SHANK3 are associated with autism spectrum disorders)」, 《Nat Genet》, 2007
- Berkel, S. et al., 「자폐 스펙트럼 장애 및 정신 지체의 SHANK2 시냅스 스캐폴딩 유전자의 돌연변이(Mutations in the SHANK2 synaptic scaffolding gene of autistic spectrum disorders and mental retardation)」, 《Nat Genet》, 2010
- Roussignol, G.et al., 「생크(shank) 발현은 고환 뉴런(aspiny neurons)에서 기능적 수지상 돌기 시냅스를 유도하기에 충분(Shank expression is sufficient to induce functional dendritic synapses in aspiny neurons)」, 《Neuron》, 2005
- Hung, A. Y. et al., 「더 작은 수상 돌기, 더 약한 시냅스 전달, Shank1이 없는

생쥐의 향상된 공간 학습(Smaller dendrites, weaker synaptic transmission, but improved spatial learning of mice without Shank1)」, 《Neuron》, 2008

인터넷 사이트

- https://www.cell.com/developmental-cell